水利工程建设标准强制性条文

THE COMPULSORY PROVISIONS OF WATER ENGINEERING CONSTRUCTION STANDARDS

（2020 年版）

《水利工程建设标准强制性条文》编制组　编

中国水利水电出版社
www.waterpub.com.cn
·北京·

图书在版编目（CIP）数据

水利工程建设标准强制性条文 ： 2020年版 / 《水利
工程建设标准强制性条文》编制组编. -- 北京 ： 中国水
利水电出版社，2020.1（2020.4重印）
ISBN 978-7-5170-8347-4

Ⅰ．①水… Ⅱ．①水… Ⅲ．①水利工程－工程施工－
国家标准－中国 Ⅳ．①TV5-65

中国版本图书馆CIP数据核字(2019)第297717号

书　　　名	水利工程建设标准强制性条文（2020 年版） SHUILI GONGCHENG JIANSHE BIAOZHUN QIANGZHIXING TIAOWEN（2020 NIAN BAN）
作　　　者	《水利工程建设标准强制性条文》编制组　编
出 版 发 行	中国水利水电出版社 （北京市海淀区玉渊潭南路 1 号 D 座　100038） 网址：www. waterpub. com. cn E - mail：sales@ waterpub. com. cn 电话：(010) 68367658（营销中心）
经　　　售	北京科水图书销售中心（零售） 电话：(010) 88383994、63202643、68545874 全国各地新华书店和相关出版物销售网点
排　　　版	中国水利水电出版社微机排版中心
印　　　刷	清淞永业（天津）印刷有限公司
规　　　格	210mm×297mm　16 开本　8 印张　175 千字
版　　　次	2020 年 1 月第 1 版　2020 年 4 月第 2 次印刷
印　　　数	20001—30000 册
定　　　价	**98. 00 元**

凡购买我社图书，如有缺页、倒页、脱页的，本社营销中心负责调换

前　言

　　依据《中华人民共和国标准化法》规定，对保障人身健康和生命财产安全、国家安全、生态环境安全以及满足经济社会管理基本需求的技术要求，应当制定强制性国家标准。按照《水利标准化工作管理办法》要求，法律、法规和国务院决定的工程建设、环境保护等领域，可以制定强制性行业标准和地方标准。目前水利行业强制性标准分为全文强制和条文强制两种形式，标准的全部技术内容需要强制时，为全文强制形式；标准中的部分技术内容需要强制时，为条文强制形式，即强制性条文。

　　水利工程建设标准强制性条文（以下简称强制性条文）的发布与实施是水利部贯彻落实国务院《建设工程质量管理条例》的重要举措，是水利工程建设全过程中的强制性技术规定，是参与水利工程建设活动各方必须执行的强制性技术要求，也是对水利工程建设实施政府监督的技术依据。强制性条文的内容，是直接涉及人的生命财产安全、人身健康、水利工程安全、环境保护、能源和资源节约及其他公众利益，且必须执行的技术条款。

　　我国经济社会的高质量发展，对水利技术标准保障水利工程质量安全的要求不断提高，为适时推进水利技术标准制修订工作，水利部于 2012 年印发了《水利工程建设标准强制性条文管理办法》（水国科〔2012〕546 号），以下简称《管理办法》，对强制性条文的制定、实施和监督检查做出了具体规定。依据《管理办法》，从 2012 年 12 月开始，制定强制性条文的工作机制由从批准颁布的现行标准中摘录、集中审查、汇编发布的工作方式，调整为在水利工程建设标准制定与修订的送审、报批阶段，明确规定对强制性条文进行审查、审定的要求，并要求在出版发行的标准文本中用黑体字标识。将强制性条文审查、审定的关口前移，进一步规范、完善了强制性条文制修订机制，对水利工程建设标准强制性条文实施和监督检查更具指导意义。实践证明，强制性条文自 2000 年实施以来，对保障水利工程建设质量发挥了重要作用，也进一步促进了水利标准化工作改革。

　　为了深入贯彻落实水利部"水利工程补短板，水利行业强监管"水利改革发展总基调，实施强制性条文的监督检查，水利部水利水电规划设计总院组织中水北方勘测设计研究有限责任公司、长江勘测规划设计研究有限责任公司、中水东北勘测设计研究有限责任公司和北京川流科技开发中心编写了 2020 年版《水利工程建设标准强制性条文》。

2020 年版《水利工程建设标准强制性条文》以 2016 年版《水利工程建设标准强制性条文》篇章框架为基础，其章节内技术标准按照国家标准、水利行业标准和其他行业标准排序，同级标准按照标准顺序号排序。本次汇编收录的水利工程建设标准发布日期截至 2019 年 11 月 30 日，包括未修订标准和新制定与修订标准，未修订标准以 2016 年版《水利工程建设标准强制性条文》中相应的强制性条文为依据，新制定与修订的标准以近期批准颁布的标准中明确用黑体字标识的强制性条文为依据。2020 年版《水利工程建设标准强制性条文》共涉及 94 项水利工程建设标准、557 条强制性条文。

在执行强制性条文的过程中，应注意将强制性条文与所摘录标准结合使用，避免断章取义；当强制性条文规定的内容在标准修订后发生变化时，应按修订后的强制性条文执行；还应积累资料，总结经验，及时将遇到的问题反馈至水利部水利水电规划设计总院。传真：010 - 63206755，E - mail：jsbz@giwp.org.cn。

2020 年版《水利工程建设标准强制性条文》的编制，得到了水利部国际合作与科技司等部门的指导，以及有关专家的支持和帮助，在此谨表谢意！

组织单位：水利部水利水电规划设计总院

编制单位：水利部水利水电规划设计总院
中水北方勘测设计研究有限责任公司
长江勘测规划设计研究有限责任公司
中水东北勘测设计研究有限责任公司
北京川流科技开发中心

编制组成员：

王志强	温续余	覃利明	汪庆元	杜雷功	陆宗磐	苏加林
侯传河	李现社	马贵生	龚长年	蒋 肖	李小燕	张军劳
何定恩	司富安	崔金铁	潘尚兴	邵剑南	何华松	郑永良
王 伟	翟兴无	雷兴顺	徐立峰	曾怀金	肖昌虎	史晓新
王治国	高玉生	李 伟	王跃峰	王化翠	李大伟	费永法
刘卓颖	游 超	李润芝	朱 文	赵学民	徐立洲	陈立秋
杜 威	齐崇崇					

目　　录

第一篇

水 利 工 程 设 计

1 水　文

1-1　水　文　测　验

1-1-1　《河流流量测验规范》GB 50179—2015

a)　**2.1.2**　测验河段必须避开易发生滑坡、坍塌和泥石流的地点。

b)　**4.5.2**　各种高洪流量测验方案使用前必须进行演练，确保生产安全。

1-1-2　《水文基础设施建设及技术装备标准》SL 276—2002

a)　**4.1.1**　水文测站设施建设应分别满足防洪标准和测洪标准的要求。当出现防洪标准相应洪水时，应能保证设施设备、建筑物不被淹没、冲毁，人身安全有保障。当发生测洪标准相应洪水时，水文（水位）设施设备应能正常运行。测站测报工作应能正常开展。

b)　**4.1.2**　水文（水位）站的防洪、测洪建设标准应根据水文测站级别划分原则和水文（水位）站的重要性，按表4.1.2的规定执行。

表4.1.2　　　　　　　　水文（水位）站防洪、测洪建设标准

等　级	防　洪　标　准	测　洪　标　准
大河重要控制站	高于100年一遇，或不低于近50年以来发生的最大洪水	50年一遇至100年一遇，或不低于当地和下游保护区防洪标准
大河一般控制站	50年一遇至100年一遇，或不低于近30年以来发生的最大洪水	高于30年一遇，或不低于当地和下游保护区防洪标准
区域代表站	30年一遇至50年一遇	20年一遇至30年一遇
小河站	30年一遇至50年一遇	10年一遇至20年一遇

c)　**4.1.3**　水文测站岸上观测设施和站房防洪建设应符合下列要求：

1　非平原河网地区，测站岸上观测设施和站房应建在表4.1.2规定的防洪标准洪水水位1.0m以上；测验河段有堤防的测站，应高于堤顶高程；平原河网地区按需建设；雨量、蒸发及其他气象要素观测场地高程宜设置在相应洪水水位以上。

3　测站专用变压器、专用供电线路、专用通信线路及通信天线应建在历年最高洪水位3.0m以上。

4　测验河段、码头应有保护措施，确保出现高洪水位时不因崩岸或流冰而导致岸边设施和观测道路被毁。

5 沿海地区的水文基础设施应能抵御十二级台风。

d) **4.1.4** 水文测站测洪标准与报汛设施设备应符合下列要求：

1 水位监测应能观测到历史最高最低水位。测验河段有堤防的测站，应能测记到高于堤防防洪标准的水位。水位自记设施应能测记到表 4.1.2 规定测洪标准相应的水位。

e) **6.9.4** 对于水文测站从事水上作业人员，应配备救生衣等。

1-1-3 《水文缆道测验规范》SL 443—2009

a) **3.1.5** 为确保缆道操作与运行安全，测站应根据需要配备下列装置：

1 水平、垂直运行系统的制动装置。

2 极高、极远、极近的标志或限位保护装置，限位保护装置应独立于正常操作系统。

3 在通航河流进行测验时，应按航道部门的规定设置明显的测量标志。

4 夜间测验时的照明装置。

1-2　水　文　计　算

1-2-1 《水利水电工程设计洪水计算规范》SL 44—2006

a) **1.0.9** 对设计洪水计算过程中所依据的基本资料、计算方法及其主要环节、采用的各种参数和计算成果，应进行多方面分析检查，论证成果的合理性。

b) **2.1.2** 对计算设计洪水所依据的暴雨、洪水、潮位资料和流域、河道特征资料应进行合理性检查；对水尺零点高程变动情况及大洪水年份的浮标系数、水面流速系数、推流借用断面情况等应重点检查和复核，必要时还应进行调查和比测。

c) **2.2.1** 洪水系列应具有一致性。当流域内因修建蓄水、引水、提水、分洪、滞洪等工程，大洪水时发生堤防溃决、溃坝等，明显改变了洪水过程，影响了洪水系列的一致性；或因河道整治、水尺零点高程系统变动影响水（潮）位系列一致性时，应将系列统一到同一基础。

d) **2.3.5** 对插补延长的洪水、暴雨和潮位资料，应进行多方面的分析论证，检查其合理性。

e) **2.4.1** 对搜集的历史洪水、潮位、暴雨资料及其汇编成果，应进行合理性检查；对历史洪水洪峰流量应进行复核，必要时应补充调查和考证；对近期发生的特大暴雨、洪水及特大潮，应进行调查。

f) **3.4.5** 分期设计洪水计算时，历史洪水重现期应在分期内考证，其重现期不应短于在年最大洪水系列中的重现期。

g) **4.3.1** 由设计暴雨计算设计洪水或由可能最大暴雨计算可能最大洪水时，应充分利用设计流域或邻近地区实测的暴雨、洪水对应资料，对产流和汇流计算方法中的参数进行率定，并分析参数在大洪水时的特性及变化规律。参数率定与使用方法应一致；洪水过程线的分割与回加应一致。不同方法的产流和汇流参数不应任意移用。

h) **4.3.7** 由设计暴雨计算的设计洪水或由可能最大暴雨计算的可能最大洪水成果，应分别与本地区实测、调查的大洪水和设计洪水成果进行对比分析，以检查其合理性。

1-2-2 《水利水电工程水文计算规范》SL 278—2002

a) **2.2.1** 水文计算依据的流域特征和水文测验、整编、调查资料，应进行检查。对重要资料，应进行重点复核。对有明显错误或存在系统偏差的资料，应予改正，并建档备查。对采用资料的可靠性，应作出评价。

b) **5.3.1** 根据工程设计要求，应拟定设计断面工程修建前天然河道的水位流量关系。水位高程系统应与工程设计采用的高程系统一致。

c) **5.3.7** 水位流量关系曲线的高水外延，应利用实测大断面、洪水调查等资料，根据断面形态、河段水力特性，采用多种方法综合分析拟定。低水延长，应以断流水位控制。

2　工　程　勘　测

2-0-1　《水利水电工程地质勘察规范》GB 50487—2008

a)　**5.2.7**　工程场地地震动参数确定应符合下列规定：

1　坝高大于200m的工程或库容大于$10 \times 10^9 m^3$的大（1）型工程，以及50年超越概率10%的地震动峰值加速度大于或等于0.10g地区且坝高大于150m的大（1）型工程，应进行场地地震安全性评价工作。

5　场地地震安全性评价应包括工程使用期限内，不同超越概率水平下，工程场地基岩的地震动参数。

b)　**6.2.2**　可溶岩区水库严重渗漏地段勘察应查明下列内容：

1　可溶岩层、隔水层及相对隔水层的厚度、连续性和空间分布。

4　主要渗漏地段或主要渗漏通道的位置、形态和规模，喀斯特渗漏的性质，估算渗漏量，提出防渗处理范围、深度和处理措施的建议。

c)　**6.2.3**　非可溶岩区水库严重渗漏地段勘察，应查明断裂带、古河道、第四纪松散层等渗漏介质的分布及其透水性，确定可能发生严重渗漏的地段、渗漏量及危害性，提出防渗处理范围和措施的建议。

d)　**6.2.5**　水库浸没勘察应包括下列内容：

4　对于农作物区，应根据各种现有农作物的种类、分布，查明土壤盐渍化现状，确定地下水埋深临界值。

5　对于建筑物区，应根据各种现有建筑物的类型、数量和分布，查明基础类型和埋深，确定地下水埋深临界值。查明黄土、软土、膨胀土等工程性质不良岩土层的分布情况、性状和土的冻结深度，评价其影响。

6　确定浸没的范围及危害程度。

e)　**6.2.7**　水库库岸滑坡、崩塌和坍岸区的勘察应包括下列内容：

1　查明水库区对工程建筑物、城镇和居民区环境有影响的滑坡、崩塌的分布、范围、规模和地下水动态特征。

2　查明库岸滑坡、崩塌和坍岸区岩土体物理力学性质，调查库岸水上、水下与水位变动带稳定坡角。

3　查明坍岸区岸坡结构类型、失稳模式、稳定现状，预测水库蓄水后坍岸范围及危害性。

4　评价水库蓄水前和蓄水后滑坡、崩塌体的稳定性，估算滑坡、崩塌入库方量、涌浪高度及影响范围，评价其对航运、工程建筑物、城镇和居民区环境的影响。

f) **6.2.10** 泥石流勘察应包括下列内容：

2 查明可能形成泥石流固体物质的组成、分布范围、储量及流通区、堆积区的地形地貌特征。

g) **6.2.12** 水库诱发地震预测应符合下列规定：

1 当可行性研究阶段预测有可能发生水库诱发地震时，应对诱发地震可能性较大的地段进行工程地质和地震地质论证，校核可能发震库段的诱震条件，预测发震地段、类型和发震强度，并应对工程建筑物的影响作出评价。

2 对需要进行水库诱发地震监测的工程，应进行水库诱发地震监测台网总体方案设计。台网布设应有效控制库首及水库诱发地震可能性较大的库段，监测震级（M_L）下限应为 0.5 级左右。台网观测宜在水库蓄水前 1～2 年开始。

h) **6.3.1** 土石坝坝址勘察应包括下列内容：

2 查明坝基河床及两岸覆盖层的层次、厚度和分布，重点查明软土层、粉细砂、湿陷性黄土、架空层、漂孤石层以及基岩中的石膏夹层等工程性质不良岩土层的情况。

4 查明坝基水文地质结构，地下水埋深，含水层或透水层和相对隔水层的岩性、厚度变化和空间分布，岩土体渗透性。重点查明可能导致强烈漏水和坝基、坝肩渗透变形的集中渗漏带的具体位置，提出坝基防渗处理的建议。

7 查明坝区喀斯特发育特征，主要喀斯特洞穴和通道的分布规律，喀斯特泉的位置和流量，相对隔水层的埋藏条件，提出防渗处理范围的建议。

i) **6.4.1** 混凝土重力坝（砌石重力坝）坝址勘察应包括下列内容：

3 查明断层、破碎带、断层交汇带和裂隙密集带的具体位置、规模和性状，特别是顺河断层和缓倾角断层的分布和特征。

4 查明岩体风化带和卸荷带在各部位的厚度及其特征。

5 查明坝基、坝肩岩体的完整性、结构面的产状、延伸长度、充填物性状及其组合关系。确定坝基、坝肩稳定分析的边界条件。

9 查明地表水和地下水的物理化学性质，评价其对混凝土和钢结构的腐蚀性。

j) **6.5.1** 混凝土拱坝（砌石拱坝）坝址的勘察内容除应符合本规范第 6.4.1 条的规定外，还应包括下列内容：

2 查明与拱座岩体有关的岸坡卸荷、岩体风化、断裂、喀斯特洞穴及溶蚀裂隙、软弱层（带）、破碎带的分布与特征，确定拱座利用岩面和开挖深度，评价坝基和拱座岩体质量，提出处理建议。

3 查明与拱座岩体变形有关的断层、破碎带、软弱层（带）、喀斯特洞穴及溶蚀裂隙、风化、卸荷岩体的分布及工程地质特性，提出处理建议。

4 查明与拱座抗滑稳定有关的各类结构面，特别是底滑面、侧滑面的分布、性状、连通率，确定拱座抗滑稳定的边界条件，分析岩体变形与抗滑稳定的相互关系，提出处理建议。

k)　　6.6.1　溢洪道勘察应包括下列内容：

　　1　查明溢洪道地段地层岩性，特别是软弱、膨胀、湿陷等工程性质不良岩土层和架空层的分布及工程地质特性。

　　2　查明溢洪道地段的断层、裂隙密集带、层间剪切带和缓倾角结构面等的性状及分布特征。

l)　　6.7.1　地面厂房勘察应包括下列内容：

　　2　查明厂址区地层岩性，特别是软弱岩类、膨胀性岩类、易溶和喀斯特化岩层以及湿陷性土、膨胀土、软土、粉细砂、架空层等工程性质不良岩土层的分布及其工程地质特性。

　　厂址地基为可能地震液化土层时，应进行地震液化判别。

　　3　查明厂址区断层、破碎带、裂隙密集带、软弱结构面、缓倾角结构面的性状、分布、规模及组合关系。

m)　　6.8.1　地下厂房系统勘察应包括下列内容：

　　3　查明厂址区岩层的产状、断层破碎带的位置、产状、规模、性状及裂隙发育特征，分析各类结构面的组合关系。

　　4　查明厂址区水文地质条件，含水层、隔水层、强透水带的分布及特征。可溶岩区应查明喀斯特水系统分布，预测掘进时发生突水（泥）的可能性，估算最大涌水量和对围岩稳定的影响，提出处理建议。

　　8　查明岩层中的有害气体或放射性元素的赋存情况。

n)　　6.9.1　隧洞勘察应包括下列内容：

　　3　查明隧洞沿线岩层产状、主要断层、破碎带和节理裂隙密集带的位置、规模、性状及其组合关系。隧洞穿过活断层时应进行专门研究。

　　4　查明隧洞沿线的地下水位、水温和水化学成分，特别要查明涌水量丰富的含水层、汇水构造、强透水带以及与地表溪沟连通的断层、破碎带、节理裂隙密集带和喀斯特通道，预测掘进时突水（泥）的可能性，估算最大涌水量，提出处理建议。提出外水压力折减系数。

　　5　可溶岩区应查明隧洞沿线的喀斯特发育规律、主要洞穴的发育层位、规模、充填情况和富水性。洞线穿越大的喀斯特水系统或喀斯特洼地时应进行专门研究。

　　10　查明压力管道地段上覆岩体厚度和岩体应力状态，高水头压力管道地段尚应调查上覆山体的稳定性、侧向边坡的稳定性、岩体的地质结构特征和高压水渗透特性。

　　11　查明岩层中有害气体或放射性元素的赋存情况。

o)　　6.10.1　导流明渠及围堰工程勘察应包括下列内容：

　　2　查明地层岩性特征。基岩区应查明软弱岩层、喀斯特化岩层的分布及其工程地质特性；第四纪沉积物应查明其厚度、物质组成，特别是软土、粉细砂、湿陷性黄土和架空层的分布及其工程地质特性。

p)　　6.11.1　通航建筑物的工程地质勘察应包括下列内容：

2 岩基上的通航建筑物应查明软岩、断层、层间剪切带、主要裂隙及其组合与地基、边坡的关系，提出岩土体的物理力学性质参数，评价地基、开挖边坡的稳定性。

3 土基上的通航建筑物应对地基的沉陷、湿陷、抗滑稳定、渗透变形、地震液化等问题作出评价。

q) **6.12.1** 边坡工程地质勘察应包括以下内容：

2 岩质边坡尚应查明岩体结构类型，风化、卸荷特征，各类结构面和软弱层的类型、产状、分布、性质及其组合关系，分析对边坡稳定的影响。

r) **6.13.1** 渠道勘察应包括下列内容：

3 查明渠道沿线含水层和隔水层的分布，地下水补排关系和水位，特别是强透水层和承压含水层等对渠道渗漏、涌水、渗透稳定、浸没、沼泽化、湿陷等的影响以及对环境水文地质条件的影响。

4 查明渠道沿线地下采空区和隐藏喀斯特洞穴塌陷等形成的地表移动盆地，地震塌陷区的分布范围、规模和稳定状况，并评价其对渠道的影响。对于穿越城镇、工矿区的渠段，还应探明地下构筑物及地下管线的分布。

s) **6.14.1** 水闸及泵站勘察应包括以下内容：

1 查明水闸及泵站场址区的地层岩性，重点查明软土、膨胀土、湿陷性黄土、粉细砂、红黏土、冻土、石膏等工程性质不良岩土层的分布范围、性状和物理力学性质，基岩埋藏较浅时应调查基岩面的倾斜和起伏情况。

3 查明场址区滑坡、潜在不稳定岩体以及泥石流等物理地质现象。

t) **6.15.1** 深埋长隧洞勘察除应符合本规范第 6.9.1 条的有关规定外，尚应包括下列内容：

1 基本查明可能产生高外水压力、突涌水（泥）的水文地质、工程地质条件。

2 基本查明可能产生围岩较大变形的岩组及大断裂破碎带的分布及特征。

3 基本查明地应力特征，并判别产生岩爆的可能性。

4 基本查明地温分布特征。

u) **6.19.2** 移民新址工程地质勘察应包括下列内容：

2 查明新址区及外围滑坡、崩塌、危岩、冲沟、泥石流、坍岸、喀斯特等不良地质现象的分布范围及规模，分析其对新址区场地稳定性的影响。

3 查明生产、生活用水水源、水量、水质及开采条件。

v) **9.4.1** 渗漏及渗透稳定性勘察应包括下列内容：

1 土石坝坝体渗漏及渗透稳定性应查明下列内容：

　　1）坝体填筑土的颗粒组成、渗透性、分层填土的结合情况，特别是坝体与岸坡接合部位填料的物质组成、密实性和渗透性。

　　2）防渗体的颗粒组成、渗透性及新老防渗体之间的结合情况，评价其有效性。

　　5）坝体下游坡渗水的部位、特征、渗漏量的变化规律及渗透稳定性。

　　6）坝体塌陷、裂缝及生物洞穴的分布位置、规模及延伸连通情况。

2 坝基及坝肩岩土体渗漏及渗透稳定性勘察应查明下列内容：

    4）古河道及单薄分水岭等的分布情况。

    5）两岸地下水位及其动态，地下水位低槽带与漏水点的关系。渗漏量与库水位的相关性。

w) **9.4.3** 不稳定边（岸）坡勘察应查明下列内容：

2 不稳定边坡的分布范围、边界条件、规模、地质结构和地下水位。

3 潜在滑动面的类型、产状、力学性质及与临空面的关系。

x) **9.4.5** 坝（闸）基及坝肩抗滑稳定勘察应查明下列内容：

1 地层岩性和地质构造，特别是缓倾角结构面及其他不利结构面的分布、性质、延伸性、组合关系及与上、下岩层的接触情况，确定坝（闸）基及坝肩稳定分析的边界条件。

3 坝体与基岩接触面特征。

y) **9.4.8** 坝体变形与地基沉降勘察应包括下列内容：

1 查明土石坝填筑料的物质组成、压实度、强度和渗透特性。

2 查明坝体滑坡、开裂、塌陷等病害险情的分布位置、范围、特征、成因，险情发生过程与抢险措施，运行期坝体变形位移情况及变化规律。

3 查明地基地层结构、分布、物质组成，重点查明软土、湿陷性土等工程性质不良岩土层的分布特征及物理力学特性，可溶岩区喀斯特洞穴的分布、充填情况及埋藏深度。

2-0-2 《中小型水利水电工程地质勘察规范》SL 55—2005

a) **5.2.9** 溶洼水库和溶洞水库勘察应包括下列内容：

3 查明库盆区主要消水洞穴（隙）的分布位置、性质、规模及与库外连通程度，被掩埋的地面塌坑、溶井和其他消泄水点情况等。

5 查明堵体部位覆盖层的类型、性质和厚度，喀斯特洞隙发育规律和管道枝叉的连通情况。在利用洞周岩壁挡水时，应调查洞周岩壁的完整情况、有效厚度及其支承稳定性。

b) **6.3.5** 对施工中可能遇到危及施工或建筑物安全的有关地质现象，应及时进行预测和预报，其重点内容是：

1 根据基坑开挖所揭露的土层情况，预测软土、湿陷性黄土、膨胀土等特殊土层的分布位置、高程、厚度，及可能发生的边坡滑动、塌陷、基坑涌水、涌砂和地基顶托等不利现象。

2 预测洞室掘进中可能遇到的重大塌方、碎屑流、突水或其他地质灾害发生的部位。

3 根据边坡开挖后所揭露的岩土性质和不利结构面的分布情况，预测边坡失稳的可能性及其边界条件，对施工期的监测提出建议。

2－0－3 《堤防工程地质勘察规程》SL 188—2005

a) **4.3.1** 新建堤防的勘察应包括下列内容：

4 查明堤基相对隔水层和透水层的埋深、厚度、特性及与江、河、湖、海的水力连系，调查沿线泉、井分布位置及其水位、流量变化规律，查明地下水与地表水的水质及其对混凝土的腐蚀性。

5 基本查明堤线附近埋藏的古河道、古冲沟、渊、潭、塘等的性状、位置、分布范围，分析其对堤基渗漏、稳定的影响。

b) **4.3.2** 已建堤防加固工程的勘察除应满足本标准4.3.1条的规定外，还应包括下列内容：

1 复核堤基险情隐患分布位置、范围、特征，调查堤外滩地形、微地貌特征和宽度，堤内决口冲刷坑和决口扇分布位置、范围等。

2 查明拟加固堤段堤基临时堵体、决口口门淤积物等的分布位置、特征等，查明因出险而引起的堤基地质条件变化情况。

c) **4.3.3** 涵闸工程的勘察应包括下列内容：

3 查明闸基透水层、相对隔水层的厚度、埋藏条件、渗透特性及其与地表水体的水力连系，地下水位及其动态变化，地下水及地表水质并评价其对混凝土的腐蚀性。

4 查明闸址处埋藏的古河道、古冲沟、土洞等的特性、分布范围，危及涵闸的滑坡、崩塌等物理地质现象的分布位置、规模和稳定性，评价其对闸基渗漏、稳定的影响。

d) **4.3.4** 堤岸的勘察应包括下列内容：

2 基本查明拟护堤岸段岸坡的地质结构、各地层的岩性、空间分布规律，评价其抗冲性能，确定各土（岩）层的物理力学参数，注意特殊土层、粉细砂层等的分布情况及其性状，不利界面的形态。

e) **5.3.13** 钻孔完成后必须封孔（长期观测孔除外），封孔材料和封孔工艺应根据当地实际经验或试验资料确定。

f) **8.0.2** 天然建筑材料产地的选择，应符合下列原则：

3 土料产地距堤脚应有一定的安全距离，严禁因土料开采引起堤防渗透变形和抗滑稳定问题。

2－0－4 《水利水电工程钻探规程》SL 291—2003

a) **12.3.1** 钻孔竣工验收后应按技术要求进行封孔，应采用32.5级以上水泥配制砂浆封孔，但小口径钻孔要用水泥浆封孔。

2－0－5 《水利水电工程施工地质勘察规程》SL 313—2004

a) **4.3.2** 施工地质预报应包括下列内容：

1 与原设计所依据的地质资料和结论有较大出入的工程地质条件和问题。

2　基坑可能出现的管涌、流土或大量涌水。

b)　**5.1.1**　岩质洞室围岩地质巡视内容应包括基本地质条件，并应侧重以下方面：

9　在深埋洞段或高地应力区，收集地应力测试资料，调查片帮、岩爆、内鼓、弯折变形地段的地质条件，观察记录片帮、岩爆的规模、延续时间、岩块大小、形状及岩爆发生时间与施工掘进的关系。

10　在地温异常区，收集地温和洞温资料。

12　在有害气体赋存区的洞段，收集有害气体监测资料。

c)　**5.3.1**　遇下列情况时，应进行超前地质预报：

1　深埋隧洞和长隧洞。

2　开挖揭露的地质情况与前期工程地质勘察资料有较大出入。

3　预计开挖前进方向可能遇到重大不良地质现象（断层破碎带、喀斯特、软弱层带、含有害气体的地层、突泥、突水等）。

d)　**5.3.2**　遇下列现象时，应对其产生原因、性质和可能的危害作出分析判断，并及时进行预报：

1　围岩不断掉块，洞室内灰尘突然增多，支撑变形或连续发出响声。

2　围岩顺裂缝错位、裂缝加宽、位移速率加大。

3　出现片帮、岩爆或严重鼓胀变形。

4　出现涌水、涌沙、涌水量增大、涌水突然变浑浊现象，地下水化学成分产生明显变化。

5　干燥岩质洞段突然出现地下水流，渗水点位置突然变化，破碎带水流活动加剧，土质洞段含水量明显增大。

6　地温突然发生变化，洞内突然出现冷空气对流。

7　钻孔时，纯钻进速度加快且钻孔回水消失、经常发生卡钻。

e)　**5.3.3**　施工地质预报应包括下列内容：

1　未开挖洞段的地质情况和可能出现的工程地质问题。

2　可能出现坍塌、崩落、岩爆、膨胀、涌沙、突泥、突水的位置、规模及发展趋势，含有害气体地层的位置。

f)　**6.3.1**　遇下列现象时，应对这些现象的产生原因、性质和可能的危害作出分析判断，并及时进行预报：

1　边坡上不断出现小塌方、掉块、小错动、弯折、倾倒、反翘等现象，且有加剧趋势。

2　边坡上出现新的张裂缝或剪切裂缝，下部隆起、胀裂。

3　坡面开裂、爆破孔错位、原有裂隙扩展和错动。

4　坡面水沿裂隙很快漏失，沿软弱结构面的湿度增加。

5　地下水水位、出露点的流量突变，出现新的出露点，水质由清变浑。

6　边坡变形监测数据出现异常。

7 土质边坡出现管涌、流土等现象。

g) **6.3.2** 施工地质预报应包括下列内容：

1 边坡中可能失稳岩（土）体的位置、体积、几何边界和力学参数。

2 边坡可能的变形和失稳的形式、发展趋势及危害程度。

h) **7.3.2** 施工地质预报应包括下列内容：

1 与原设计所依据的地质资料和结论有较大出入的工程地质条件和问题。

2 可能产生异常涌水、涌沙的部位。

2-0-6 《水利水电工程物探规程》SL 326—2005

a) **4.10.3** 资料解释应符合下列要求：

4 环境 γ 辐射防护应以正当化、最优化和个人剂量限值的综合防护为原则，摒弃阈值的观念，避免不必要的照射，辐射防护标准应依据 GB 18871 执行。

3 工 程 规 划

3-1 流域 (区域) 规划

3-1-1 《农田水利规划导则》SL 462—2012

a) 5.3.5 在血吸虫病疫区及其可能扩散影响的毗邻地区，农田水利规划应包括水利血防措施规划。

 1 从有钉螺水域引水的涵闸、泵站，应设置沉螺池等防螺工程措施。

 2 在堤防工程规划中，堤身应设防螺平台，并采用硬化护坡等工程措施；应填平堤防管理范围内的坑塘、洼地；堤防临湖滩地的宽度大于 200mm 时，应在堤防管理范围以外，设置防螺隔离沟。

 3 灌溉渠道应因地制宜地选用渠道硬化、暗渠、暗管、在上下级渠道衔接处设沉螺池等工程措施。

3-2 防 洪 标 准

3-2-1 《防洪标准》GB 50201—2014

a) 5.0.4 当工矿企业遭受洪水淹没后，可能爆炸或导致毒液、毒气、放射性等有害物质大量泄漏、扩散时，其防洪标准应符合下列规定：

 1 对于中、小型工矿企业，应采用本标准表 5.0.1 中Ⅰ等的防洪标准；

 2 对于特大、大型工矿企业，除采用本标准表 5.0.1 中Ⅰ等的上限防洪标准外，尚应采取专门的防护措施；

 3 对于核工业和与核安全有关的厂区、车间及专门设施，应采用高于 200 年一遇的防洪标准。

表 5.0.1 工矿企业的防护等级和防洪标准

防护等级	工矿企业规模	防洪标准 [重现期（年）]
Ⅰ	特大型	200～100
Ⅱ	大型	100～50
Ⅲ	中型	50～20
Ⅳ	小型	20～10

注 各类工矿企业的规模按国家现行规定划分。

b) **6.1.2** 经过行、蓄、滞洪区铁路的防洪标准，应结合所在河段、地区的行、蓄、滞洪区的要求确定，不得影响行、蓄、滞洪区的正常运用。

c) **6.2.2** 经过行、蓄、滞洪区公路的防洪标准，应结合所在河段、地区的行、蓄、滞洪区的要求确定，不得影响行、蓄、滞洪区的正常运用。

d) **6.3.5** 当河（海）港区陆域的防洪工程是城镇防洪工程的组成部分时，其防洪标准不应低于该城镇的防洪标准。

e) **6.5.4** 经过行、蓄、滞洪区的管道工程的防洪标准，应结合所在河段、地区的行、蓄、滞洪区的要求确定，不得影响行、蓄、滞洪区的正常运用。

f) **7.2.4** 最终确定的核电厂设计基准洪水位不应低于有水文记录或历史上的最高洪水位。

g) **11.3.1** 水库工程水工建筑物的防洪标准，应根据其级别和坝型，按表 11.3.1 确定。

表 11.3.1　　　　　水库工程水工建筑物的防洪标准

水工建筑物级别	防洪标准〔重现期（年）〕				
	山区、丘陵区			平原区、滨海区	
	设　计	校　核		设　计	校　核
		混凝土坝、浆砌石坝	土坝、堆石坝		
1	1000～500	5000～2000	可能最大洪水（PMF）或 10000～5000	300～100	2000～1000
2	500～100	2000～1000	5000～2000	100～50	1000～300
3	100～50	1000～500	2000～1000	50～20	300～100
4	50～30	500～200	1000～300	20～10	100～50
5	30～20	200～100	300～200	10	50～20

h) **11.3.3** 土石坝一旦失事将对下游造成特别重大的灾害时，1级建筑物的校核洪水标准应采用可能最大洪水或10000年一遇。

i) **11.8.3** 堤防工程上的闸、涵、泵站等建筑物及其他构筑物的设计防洪标准，不应低于堤防工程的防洪标准，并应留有安全裕度。

3－2－2 《河道整治设计规范》GB 50707—2011

a) **4.1.3** 整治河段的防洪、排涝、灌溉或航运等的设计标准，应符合下列要求：

1 整治河段的防洪标准应以防御洪水或潮水的重现期表示，或以作为防洪标准的实际年型洪水表示，并应符合经审批的防洪规划。

2 整治河段的排涝标准应以排除涝水的重现期表示，并应符合经审批的排涝规划。

3 整治河段的灌溉标准应以灌溉设计保证率表示，并应符合经审批的灌溉规划。

4 整治河段的航运标准应以航道的等级表示，并应符合经审批的航运规划。

5 整治河段的岸线利用应与岸线控制线、岸线利用功能分区的控制要求相一致，并应符合经审批的岸线利用规划。

6 当河道整治设计具有两种或两种以上设计标准时，应协调各标准间的关系。

4 工 程 设 计

4-1 工程等别与建筑物级别

4-1-1　《水利水电工程等级划分及洪水标准》SL 252—2017

a)　**3.0.1**　水利水电工程的等别，应根据其工程规模、效益和在经济社会中的重要性，按表3.0.1确定。

表3.0.1　　水利水电工程分等指标

工程等别	工程规模	水库总库容/$10^8 m^3$	防洪			治涝	灌溉	供水		发电
			保护人口/10^4人	保护农田面积/10^4亩	保护区当量经济规模/10^4人	治涝面积/10^4亩	灌溉面积/10^4亩	供水对象重要性	年引水量/$10^8 m^3$	发电装机容量/MW
Ⅰ	大（1）型	≥10	≥150	≥500	≥300	≥200	≥150	特别重要	≥10	≥1200
Ⅱ	大（2）型	<10,≥1.0	<150,≥50	<500,≥100	<300,≥100	<200,≥60	<150,≥50	重要	<10,≥3	<1200,≥300
Ⅲ	中型	<1.0,≥0.10	<50,≥20	<100,≥30	<100,≥40	<60,≥15	<50,≥5	比较重要	<3,≥1	<300,≥50
Ⅳ	小（1）型	<0.1,≥0.01	<20,≥5	<30,≥5	<40,≥10	<15,≥3	<5,≥0.5	一般	<1,≥0.3	<50,≥10
Ⅴ	小（2）型	<0.01,≥0.001	<5	<5	<10	<3	<0.5	一般	<0.3	<10

注1：水库总库容指水库最高水位以下的静库容；治涝面积指设计治涝面积；灌溉面积指设计灌溉面积；年引水量指供水工程渠首设计年均引（取）水量。

注2：保护区当量经济规模指标仅限于城市保护区；防洪、供水中的多项指标满足1项即可。

注3：按供水对象的重要性确定工程等别时，该工程应为供水对象的主要水源。

b)　**3.0.2**　对综合利用的水利水电工程，当按各综合利用项目的分等指标确定的等别不同时，其工程等别应按其中最高等别确定。

c)　**4.2.1**　水库及水电站工程的永久性水工建筑物级别，应根据其所在工程的等别和永久性水工建筑物的重要性，按表4.2.1确定。

表 4.2.1　　　　　　　　　　　　　永久性水工建筑物级别

工程等别	主要建筑物	次要建筑物
I	1	3
II	2	3
III	3	4
IV	4	5
V	5	5

d）　4.3.1　拦河闸永久性水工建筑物的级别，应根据其所属工程的等别按表 4.2.1 确定。

e）　4.4.1　防洪工程中堤防永久性水工建筑物的级别应根据其保护对象的防洪标准按表 4.4.1 确定。当经批准的流域、区域防洪规划另有规定时，应按其规定执行。

表 4.4.1　　　　　　　　　　　　堤防永久性水工建筑物级别

防洪标准/ [重现期（年）]	≥100	<100，≥50	<50，≥30	<30，≥20	<20，≥10
堤防级别	1	2	3	4	5

f）　4.5.1　治涝、排水工程中的排水渠（沟）永久性水工建筑物级别，应根据设计流量按表 4.5.1 确定。

表 4.5.1　　　　　　　　　排水渠（沟）永久性水工建筑物级别

设计流量/（m^3/s）	主要建筑物	次要建筑物
≥500	1	3
<500，≥200	2	3
<200，≥50	3	4
<50，≥10	4	5
<10	5	5

g）　4.5.2　治涝、排水工程中的水闸、渡槽、倒虹吸、管道、涵洞、隧洞、跌水与陡坡等永久性水工建筑物级别，应根据设计流量，按表 4.5.2 确定。

表 4.5.2　　　　　　　　　　排水渠系永久性水工建筑物级别

设计流量/（m^3/s）	主要建筑物	次要建筑物
≥300	1	3
<300，≥100	2	3
<100，≥20	3	4
<20，≥5	4	5
<5	5	5
注：设计流量指建筑物所在断面的设计流量。		

h）　4.5.3　治涝、排水工程中的泵站永久性水工建筑物级别，应根据设计流量及装机功率按表4.5.3确定。

表4.5.3　　　　　　　　泵站永久性水工建筑物级别

设计流量/(m³/s)	装机功率/MW	主要建筑物	次要建筑物
≥200	≥30	1	3
<200，≥50	<30，≥10	2	3
<50，≥10	<10，≥1	3	4
<10，≥2	<1，≥0.1	4	5
<2	<0.1	5	5

注1：设计流量指建筑物所在断面的设计流量。
注2：装机功率指泵站包括备用机组在内的单站装机功率。
注3：当泵站按分级指标分属两个不同级别时，按其中高者确定。
注4：由连续多级泵站串联组成的泵站系统，其级别可按系统总装机功率确定。

i）　4.6.1　灌溉工程中的渠道及渠系永久性水工建筑物级别，应根据设计灌溉流量按表4.6.1确定。

表4.6.1　　　　　　　　灌溉工程永久性水工建筑物级别

设计灌溉流量/(m³/s)	主要建筑物	次要建筑物
≥300	1	3
<300，≥100	2	3
<100，≥20	3	4
<20，≥5	4	5
<5	5	5

j）　4.6.2　灌溉工程中的泵站永久性水工建筑物级别，应根据设计流量及装机功率按表4.5.3确定。

k）　4.7.1　供水工程永久性水工建筑物级别，应根据设计流量按表4.7.1确定。供水工程中的泵站永久性水工建筑物级别，应根据设计流量及装机功率按表4.7.1确定。

表4.7.1　　　　　　　　供水工程的永久性水工建筑物级别

设计流量/(m³/s)	装机功率/MW	主要建筑物	次要建筑物
≥50	≥30	1	3
<50，≥10	<30，≥10	2	3
<10，≥3	<10，≥1	3	4
<3，≥1	<1，≥0.1	4	5
<1	<0.1	5	5

注1：设计流量指建筑物所在断面的设计流量。
注2：装机功率系指泵站包括备用机组在内的单站装机功率。
注3：泵站建筑物按分级指标分属两个不同级别时，按其中高者确定。
注4：由连续多级泵站串联组成的泵站系统，其级别可按系统总装机功率确定。

l)　**4.8.1**　水利水电工程施工期使用的临时性挡水、泄水等水工建筑物的级别，应根据保护对象、失事后果、使用年限和临时性挡水建筑物规模，按表4.8.1确定。

表4.8.1　　　　　　　　　　　临时性水工建筑物级别

级别	保护对象	失事后果	使用年限/年	临时性挡水建筑物规模	
				围堰高度/m	库容/10^8 m³
3	有特殊要求的1级永久性水工建筑物	淹没重要城镇、工矿企业、交通干线或推迟工程总工期及第一台（批）机组发电，推迟工程发挥效益，造成重大灾害和损失	>3	>50	>1.0
4	1级、2级永久性水工建筑物	淹没一般城镇、工矿企业或影响工程总工期和第一台（批）机组发电，推迟工程发挥效益，造成较大经济损失	≤3，≥1.5	≤50，≥15	≤1.0，≥0.1
5	3级、4级永久性水工建筑物	淹没基坑，但对总工期及第一台（批）机组发电影响不大，对工程发挥效益影响不大，经济损失较小	<1.5	<15	<0.1

m)　**4.8.2**　当临时性水工建筑物根据表4.8.1中指标分属不同级别时，应取其中最高级别。但列为3级临时性水工建筑物时，符合该级别规定的指标不得少于两项。

4-1-2　《水利水电工程进水口设计规范》SL 285—2003

a)　**3.1.1**　整体布置进水口建筑物级别应分别与所在大坝、河床式水电站、拦河闸等枢纽工程主体建筑物相同。

　　独立布置进水口建筑物级别应根据进水口功能和规模按表3.1.1确定，对于堤防涵闸式进水口级别还应符合《堤防工程设计规范》GB 50286—98，并按较高者确定。

表3.1.1　　　　　　　　　　独立布置进水口建筑物级别

进水口功能	水电站进水口	泄洪工程进水口	灌溉工程进水口	供水工程进水口	建筑物级别	
	装机容量（MW）	库容（亿 m³）	灌溉面积（万亩）	重要性	主要建筑物	次要建筑物
规模	≥1200	≥10	≥150	特别重要	1	3
	1200～300	10～1	150～50	重要	2	3
	300～50	1～0.1	50～5	中等	3	4
	50～10	0.1～0.01	5～0.5	一般	4	5
	<10	0.01～0.001	<0.5		5	5

4-1-3　《水工挡土墙设计规范》SL 379—2007

a)　**3.1.1**　水工建筑物中的挡土墙级别，应根据所属水工建筑物级别按表3.1.1确定。

表3.1.1　　　　　　　　　　水工建筑物中的挡土墙级别划分

所属水工建筑物级别	主要建筑物中的挡土墙级别	次要建筑物中的挡土墙级别
1	1	3
2	2	3
3	3	4

注：主要建筑物中的挡土墙是指一旦失事将直接危及所属水工建筑物安全或严重影响工程效益的挡土墙；次要建筑物中的挡土墙是指失事后不致直接危及所属水工建筑物安全或对工程效益影响不大并易于修复的挡土墙。

b)　**3.1.4**　位于防洪（挡潮）堤上具有直接防洪（挡潮）作用的水工挡土墙，其级别不应低于所属防洪（挡潮）堤的级别。

4-1-4　《水利水电工程边坡设计规范》SL 386—2007

a)　**3.2.2**　边坡的级别应根据相关水工建筑物的级别及边坡与水工建筑物的相互间关系，并对边坡破坏造成的影响进行论证后按表3.2.2的规定确定。

表3.2.2　　　　　　　　边坡的级别与水工建筑物级别的对照关系

建筑物级别	对水工建筑物的危害程度			
	严重	较严重	不严重	较轻
	边坡级别			
1	1	2	3	4、5
2	2	3	4	5
3	3	4	5	
4	4	5		

注1：严重：相关水工建筑物完全破坏或功能完全丧失。
注2：较严重：相关水工建筑物遭到较大的破坏或功能受到比较大的影响，需进行专门的除险加固后才能投入正常运用。
注3：不严重：相关水工建筑物遭到一些破坏或功能受到一些影响，及时修复后仍能使用。
注4：较轻：相关水工建筑物仅受到很小的影响或间接地受到影响。

b)　**3.2.3**　若边坡的破坏与两座及其以上水工建筑物安全有关，应分别按照3.2.2条的规定确定边坡级别，并以最高的边坡级别为准。

4-1-5　《调水工程设计导则》SL 430—2008

a)　**9.2.1**　调水工程的等别，应根据工程规模、供水对象在地区经济社会中的重要性，按表9.2.1综合研究确定。

表 9.2.1 调 水 工 程 分 等 指 标

工程等别	工程规模	分 等 指 标			
		供水对象 重要性	引水流量 （m³/s）	年引水量 （亿 m³）	灌溉面积 （万亩）
Ⅰ	大（1）型	特别重要	≥50	≥10	≥150
Ⅱ	大（2）型	重要	50～10	10～3	150～50
Ⅲ	中型	中等	10～2	3～1	50～5
Ⅳ	小型	一般	<2	<1	<5

b) **9.2.2** 以城市供水为主的调水工程，应按供水对象重要性、引水流量和年引水量三个指标拟定工程等别，确定等别时至少应有两项指标符合要求。以农业灌溉为主的调水工程，应按灌溉面积指标确定工程等别。

4-1-6 《水利水电工程施工导流设计规范》SL 623—2013

a) **3.1.1** 导流建筑物应根据其保护对象、失事后果、使用年限和围堰工程规模划分为 3～5 级，具体按表 3.1.1 确定。

表 3.1.1 导流建筑物级别划分

级别	保护对象	失 事 后 果	使用年限 （年）	导流建筑物规模	
				围堰高度 （m）	库容 （亿 m³）
3	有特殊要求的 1 级永久性水工建筑物	淹没重要城镇、工矿企业、交通干线或推迟工程总工期及第一台（批）机组发电，造成重大灾害和损失	>3	>50	>1.0
4	1 级、2 级永久性水工建筑物	淹没一般城镇、工矿企业或影响工程总工期和第一台（批）机组发电，造成较大经济损失	1.5～3	15～50	0.1～1.0
5	3 级、4 级永久性水工建筑物	淹没基坑，但对总工期及第一台（批）机组发电影响不大，经济损失较小	<1.5	<15	<0.1

注 1：导流建筑物包括挡水和泄水建筑物，联合运用的挡水和泄水建筑物级别一般相同。

注 2：表列四项指标均按导流分期划分，保护对象一栏中所列永久性水工建筑物级别系按 SL 252 划分。

注 3：有、无特殊要求的永久性水工建筑物均系针对施工期而言，有特殊要求的 1 级永久性水工建筑物系指施工期不应过水的土石坝及其他有特殊要求的永久性水工建筑物。

注 4：使用年限系指导流建筑物每一导流分期的工作年限，两个或两个以上导流分期共用的导流建筑物，如分期导流一期、二期共用的纵向围堰，其使用年限不能叠加计算。

注 5：导流建筑物规模一栏中，围堰高度指挡水围堰最大高度，库容指堰前设计水位所拦蓄的水量，两者应同时满足。

b) 　**3.1.2**　当导流建筑物根据表3.1.1指标分属不同级别时，应以其中最高级别为准。但列为3级导流建筑物时，至少应有两项指标符合要求。

c) 　**3.1.4**　应根据不同的导流分期按表3.1.1划分导流建筑物级别；同一导流分期中的各导流建筑物级别，应根据其不同作用划分。

d) 　**3.1.6**　过水围堰级别应按表3.1.1确定，该表中的各项指标以过水围堰挡水情况作为衡量依据。

e) 　**3.2.2**　当导流建筑物与永久建筑物结合时，导流建筑物设计级别与洪水标准仍应按表3.1.1及表3.2.1的规定执行；但成为永久建筑物部分的结构设计应采用永久建筑物级别标准。

表 3.2.1　　　　　　**导流建筑物设计洪水标准**　　　　　单位：重现期（年）

导流建筑物类型	导流建筑物级别		
	3	4	5
土石结构	50～20	20～10	10～5
混凝土、浆砌石结构	20～10	10～5	5～3

4-1-7　《水利水电工程围堰设计规范》SL 645—2013

a) 　**3.0.1**　围堰级别应根据其保护对象、失事后果、使用年限和围堰工程规模划分为3级、4级、5级，具体按表3.0.1确定。

表 3.0.1　　　　　　　　**围 堰 级 别 划 分 表**

级别	保护对象	失 事 后 果	使用年限（年）	围堰工程规模	
				围堰高度（m）	库容（亿 m³）
3	有特殊要求的1级永久性水工建筑物	淹没重要城镇、工矿企业、交通干线或推迟工程总工期及第一台（批）机组发电，造成重大灾害和损失	＞3	＞50	＞1.0
4	1级、2级永久性水工建筑物	淹没一般城镇、工矿企业或影响工程总工期和第一台（批）机组发电，造成较大经济损失	1.5～3	15～50	0.1～1.0
5	3级、4级永久性水工建筑物	淹没基坑，但对总工期及第一台（批）机组发电影响不大，经济损失较小	＜1.5	＜15	＜0.1

注1：表列四项指标均按导流分期划分，保护对象一栏中所列永久性水工建筑物级别系按 SL 252 划分。

注2：有、无特殊要求的永久性水工建筑物均系针对施工期而言，有特殊要求的1级永久性水工建筑物系指施工期不应过水的土石坝及其他有特殊要求的永久性水工建筑物。

注3：使用年限系指围堰每一导流分期的工作年限，两个或两个以上导流分期共用的围堰，如分期导流一期、二期共用的纵向围堰，其使用年限不能叠加计算。

注4：围堰工程规模一栏中，围堰高度指挡水围堰最大高度，库容指堰前设计水位所拦蓄的水量，两者应同时满足。

b)　**3.0.2**　当围堰工程根据表 3.0.1 指标分属不同级别时，应以其中最高级别为准。但列为 3 级建筑物时，至少应有两项指标符合要求。

c)　**3.0.4**　当围堰与永久建筑物结合时，结合部分的结构设计应采用永久建筑物级别标准。

d)　**3.0.5**　过水围堰应按表 3.0.1 确定建筑物级别，表中各项指标应以挡水期工况作为衡量依据。

4-2　洪水标准和安全超高

4-2-1　洪水标准

4-2-1-1　《水利水电工程等级划分及洪水标准》SL 252—2017

a)　**5.2.1**　山区、丘陵区水库工程的永久性水工建筑物的洪水标准，应按表 5.2.1 确定。

表 5.2.1　　山区、丘陵区水库工程永久性水工建筑物洪水标准

项　目		永久性水工建筑物级别				
		1	2	3	4	5
设计/[重现期（年）]		1000～500	500～100	100～50	50～30	30～20
校核洪水标准/[重现期（年）]	土石坝	可能最大洪水（PMF）或10000～5000	5000～2000	2000～1000	1000～300	300～200
	混凝土坝、浆砌石坝	5000～2000	2000～1000	1000～500	500～200	200～100

b)　**5.2.2**　平原、滨海区水库工程的永久性水工建筑物洪水标准，应按表 5.2.2 确定。

表 5.2.2　　平原、滨海区水库工程永久性水工建筑物洪水标准

项　目	永久性水工建筑物级别				
	1	2	3	4	5
设计/[重现期（年）]	300～100	100～50	50～20	20～10	10
校核洪水标准/[重现期（年）]	2000～1000	1000～300	300～100	100～50	50～20

c)　**5.2.7**　平原、滨海区水库工程的永久性泄水建筑物消能防冲设计洪水标准，应与相应级别泄水建筑物的洪水标准一致，按表 5.2.2 确定。

d)   **5.2.8** 水电站厂房永久性水工建筑物洪水标准，应根据其级别，按表5.2.8确定。河床式水电站厂房挡水部分或水电站厂房进水口作为挡水结构组成部分的洪水标准，应与工程挡水前沿永久性水工建筑物的洪水标准一致，按表5.2.1确定。

表5.2.8　　　　　水电站厂房永久性水工建筑物洪水标准

水电站厂房级别		1	2	3	4	5
山区、丘陵区/[重现期（年）]	设计	200	200～100	100～50	50～30	30～20
	校核	1000	500	200	100	50
平原、滨海区/[重现期（年）]	设计	300～100	100～50	50～20	20～10	10
	校核	2000～1000	1000～300	300～100	100～50	50～20

e)   **5.2.10** 水库工程导流泄水建筑物封堵期间，进口临时挡水设施的洪水标准应与相应时段的大坝施工期洪水标准一致。水库工程导流泄水建筑物封堵后，如永久泄洪建筑物尚未具备设计泄洪能力，坝体洪水标准应分析坝体施工和运行要求后按表5.2.10确定。

表5.2.10　　　　水库工程导流泄水建筑物封堵后坝体洪水标准

坝　型		大坝级别		
		1	2	3
混凝土坝、浆砌石坝/[重现期（年）]	设计	200～100	100～50	50～20
	校核	500～200	200～100	100～50
土石坝/[重现期（年）]	设计	500～200	200～100	100～50
	校核	1000～500	500～200	200～100

f)   **5.3.1** 拦河闸、挡潮闸挡水建筑物及其消能防冲建筑物设计洪（潮）水标准，应根据其建筑物级别按表5.3.1确定。

表5.3.1　　　　拦河闸、挡潮闸永久性水工建筑物洪（潮）水标准

永久性水工建筑物级别		1	2	3	4	5
洪水标准/[重现期（年）]	设计	100～50	50～30	30～20	20～10	10
	校核	300～200	200～100	100～50	50～30	30～20
潮水标准/[重现期（年）]		≥100	100～50	50～30	30～20	20～10
注：对具有挡潮工况的永久性水工建筑物按表中潮水标准执行。						

g)   **5.3.2** 潮汐河口段和滨海区水利水电工程永久性水工建筑物的潮水标准，应根据其级别按表5.3.1确定。对于1级、2级永久性水工建筑物，若确定的设计潮水位低于当地历史最高潮水位时，应按当地历史最高潮水位校核。

h)   **5.5.1** 治涝、排水、灌溉和供水工程永久性水工建筑物的设计洪水标准，应根

据其级别按表 5.5.1 确定。

表 5.5.1 治涝、排水、灌溉和供水工程永久性水工建筑物设计洪水标准

建筑物级别	1	2	3	4	5
设计/[重现期（年）]	100～50	50～30	30～20	20～10	10

i) **5.5.3** 治涝、排水、灌溉和供水工程中泵站永久性水工建筑物的洪水标准，应根据其级别按表 5.5.3 确定。

表 5.5.3 治涝、排水、灌溉和供水工程泵站永久性水工建筑物洪水标准

永久性水工建筑物级别		1	2	3	4	5
洪水标准 /[重现期（年）]	设计	100	50	30	20	10
	校核	300	200	100	50	20

j) **5.6.1** 临时性水工建筑物洪水标准，应根据建筑物的结构类型和级别，按表 5.6.1 的规定综合分析确定。临时性水工建筑物失事后果严重时，应考虑发生超标准洪水时的应急措施。

表 5.6.1 临时性水工建筑物洪水标准

建筑物结构类型	临时性水工建筑物级别		
	3	4	5
土石结构/[重现期（年）]	50～20	20～10	10～5
混凝土、浆砌石结构/[重现期（年）]	20～10	10～5	5～3

4-2-1-2 《水电站厂房设计规范》SL 266—2014

a) **3.2.1** 水电站厂房（包括厂区建筑物）应按其工程等级及挡水条件采取下列相应的洪水标准：

1 壅水厂房兼作为枢纽挡水建筑物，其防洪标准应与该枢纽工程挡水建筑物的防洪标准相一致。

2 非壅水厂房的防洪标准应按表 3.2.1 的规定确定。

表 3.2.1 非壅水厂房的洪水标准

建筑物级别	洪水重现期（a）	
	设计洪水	校核洪水
1	200	1000
2	200～100	500
3	100～50	200

4-2-1-3 《调水工程设计导则》SL 430—2008

a) **9.2.8** 调水工程永久性水工建筑物洪水标准，应根据其级别按表 9.2.8 确定。

表 9.2.8　　　　　　　　　　调水工程永久性水工建筑物洪水标准

水工建筑物级别	洪水〔重现期（a）〕	
	设计	校核
1	100～50	300～200
2	50～30	200～100
3	30～20	100～50
4	20～10	50～30
5	10	30～20

4-2-1-4　《水利水电工程水文自动测报系统设计规范》SL 566—2012

a）　**11.1.3**　水位站应满足防洪标准和测洪标准的要求。水位站的防洪标准和测洪标准，应按表 11.1.3 的规定执行。

表 11.1.3　　　　　　　　　　水位站防洪标准和测洪标准

水位站类别	防 洪 标 准	测 洪 标 准
水库、闸坝	校核洪水	校核洪水位
河道、湖泊	高于 50 年一遇洪水或相应于堤顶高程时的洪水	高于 50 年一遇洪水位或堤顶高程

4-2-1-5　《水利水电工程施工导流设计规范》SL 623—2013

a）　**3.2.1**　导流建筑物设计洪水标准应根据建筑物的类型和级别在表 3.2.1 规定幅度内选择。同一导流分期各导流建筑物的洪水标准应相同，以主要挡水建筑物的设计洪水标准为准。

表 3.2.1　　　　　　　　　　导流建筑物设计洪水标准　　　　　　　　单位：重现期（年）

导流建筑物类型	导 流 建 筑 物 级 别		
	3	4	5
土石结构	50～20	20～10	10～5
混凝土、浆砌石结构	20～10	10～5	5～3

b）　**3.3.1**　当坝体施工高程超过围堰堰顶高程时，坝体临时度汛洪水标准应根据坝型及坝前拦洪库容按表 3.3.1 的规定执行。

c）　**3.3.2**　导流泄水建筑物全部封堵后，如永久泄洪建筑物尚未具备设计泄洪能力，坝体度汛洪水标准应在分析坝体施工和运行要求后按表 3.3.2 的规定执行。汛前坝体上升高度应满足拦洪要求，帷幕灌浆及接缝灌浆高程应满足蓄水要求。

表 3.3.1 坝体施工期临时度汛洪水标准 单位：重现期（年）

坝　型	拦洪库容（$10^8 m^3$）			
	>10.0	10.0～1.0	1.0～0.1	<0.1
土石坝	≥200	200～100	100～50	50～20
混凝土坝、浆砌石坝	≥100	100～50	50～20	20～10

表 3.3.2 导流泄水建筑物封堵后坝体度汛洪水标准 单位：重现期（年）

坝　型		大　坝　级　别		
		1	2	3
土石坝	设计	500～200	200～100	100～50
	校核	1000～500	500～200	200～100
混凝土坝、浆砌石坝	设计	200～100	100～50	50～20
	校核	500～200	200～100	100～50

d) **10.2.1** 对导流建筑物级别为 3 级且失事后果严重的工程，应提出发生超标准洪水时的预案。

4－2－1－6 《水利水电工程围堰设计规范》SL 645—2013

a) **3.0.9** 围堰工程设计洪水标准应根据建筑物的类型和级别在表 3.0.9 规定幅度内选择。对围堰级别为 3 级且失事后果严重的工程，应提出发生超标准洪水时的工程应急措施。

表 3.0.9 围堰工程洪水标准 单位：重现期（年）

围堰类型	围　堰　工　程　级　别		
	3	4	5
土石结构	50～20	20～10	10～5
混凝土、浆砌石结构	20～10	10～5	5～3

4－2－1－7 《土石坝施工组织设计规范》SL 648—2013

a) **3.0.4** 由坝体拦洪度汛时，应根据当年坝体设计填筑高程所形成的坝前拦洪库容，按表 3.0.4 确定度汛标准。

表 3.0.4 坝体施工期临时度汛设计洪水标准

拦洪库容（亿 m^3）	≥1.0	1.0～0.1	<0.1
重现期（年）	≥100	100～50	50～20

4－2－2　安全超高

4－2－2－1 《泵站设计规范》GB 50265—2010

a) **6.1.3** 泵房挡水部位顶部安全加高不应小于表 6.1.3 的规定。

表6.1.3 泵房挡水部位顶部安全加高下限值（m）

运用情况	泵站建筑物级别			
	1	2	3	4、5
设计	0.7	0.5	0.4	0.3
校核	0.5	0.4	0.3	0.2

注 1 安全加高系指波浪、壅浪计算顶高程以上距离泵房挡水部位顶部的高度；
　　2 设计运用情况系指泵站在设计运行水位或设计洪水位时运用的情况，校核运用情况系指泵站在最高运行水位或校核洪水位时运用的情况。

4-2-2-2 《溢洪道设计规范》SL 253—2018

a） **3.3.9** 控制段闸墩及岸墙顶部高程应满足下列要求：

1 在宣泄校核洪水时不应低于校核洪水位加安全加高值。

2 挡水时不应低于设计洪水位或正常蓄水位加波浪计算高度和安全加高值。

3 溢洪道紧靠坝肩时，控制段顶部高程应与大坝坝顶高程协调。

4 安全加高下限值按表3.3.9选取。

表3.3.9 安全加高下限值　　　　　　　　　单位：m

运用工况	控制段建筑物级别		
	1级	2级	3级
挡水	0.7	0.5	0.4
泄洪	0.5	0.4	0.3

4-2-2-3 《水闸设计规范》SL 265—2016

a） **4.2.4** 水闸闸顶计算高程应根据挡水和泄水运用情况确定。挡水时，闸顶高程不应低于水闸正常蓄水位或最高挡水位加波浪计算高度与相应安全加高值之和；泄水时，闸顶高程不应低于设计洪水位或校核洪水位与相应安全加高值之和。水闸安全加高下限值应符合表4.2.4的规定。

表4.2.4 水闸安全加高下限值　　　　　　　　单位：m

运用情况		水闸级别			
		1级	2级	3级	4级、5级
挡水时	正常蓄水位	0.7	0.5	0.4	0.3
	最高挡水位	0.5	0.4	0.3	0.2
泄水时	设计洪水位	1.5	1.0	0.7	0.5
	校核洪水位	1.0	0.7	0.5	0.4

b） **4.2.5** 位于防洪、挡潮堤上的水闸，其闸顶高程不应低于防洪、挡潮堤堤顶高程。

4-2-2-4 《碾压式土石坝设计规范》SL 274—2001

a) **5.3.1** 坝顶在水库静水位以上的超高应按式（5.3.1）确定：

$$y = R + e + A \tag{5.3.1}$$

式中 y——坝顶超高，m；

R——最大波浪在坝坡上的爬高，m，可按本规范附录 A 计算；

e——最大风壅水面高度，m，可按本规范附录 A 计算；

A——安全加高，m，按表 5.3.1 确定。

表 5.3.1 安 全 加 高 A 值 （m）

坝 的 级 别		1	2	3	4、5
设计		1.50	1.00	0.70	0.50
校核	山区、丘陵区	0.70	0.50	0.40	0.30
	平原、滨海区	1.00	0.70	0.50	0.30

b) **5.3.2** 地震区的安全加高尚应增加地震沉降和地震壅浪高度，按 SL 203—97 《水工建筑物抗震设计规范》的有关规定确定。

c) **5.3.6** 坝顶应预留竣工后沉降超高。沉降超高值应按本规范 8.4.3 的规定确定。各坝段的预留沉降超高应根据相应坝段的坝高而变化。预留沉降超高不应计入坝的计算高度。

d) **5.5.3** 土质防渗体顶部在正常蓄水位或设计洪水位以上的超高，应按表 5.5.3 的规定取值。非常运用条件下，防渗体顶部不应低于非常运用条件的静水位。并应核算风浪爬高高度的影响。

表 5.5.3 正常运用情况下防渗体顶部超高 （m）

防渗体结构形式	超 高	防渗体结构形式	超 高
斜墙	0.80～0.60	心墙	0.60～0.30

当防渗体顶部设有防浪墙时，防渗体顶部高程可不受上述限制，但不得低于正常运用的静水位。

防渗体顶部应预留竣工后沉降超高。

4-2-2-5 《混凝土拱坝设计规范》SL 282—2018

a) **10.1.1** 坝顶高程应高于水库最高静水位。坝顶高程（或防浪墙顶高程）与水库正常蓄水位的高差或与校核洪水位的高差，应按公式（10.1.1）计算，应选择两者计算的大值确定坝顶高程（或防浪墙顶高程）。

$$\Delta h = h_{1\%} + h_z + h_c \tag{10.1.1}$$

式中 Δh——防浪墙顶与水库正常蓄水位或校核洪水位的高差，m；

$h_{1\%}$——累积频率 1% 的波高，m；

h_z——波浪中心线至水库正常蓄水位或校核洪水位的高差，m；

h_c——安全加高，m，按表 10.1.1 规定取值。

$h_{1\%}$、h_z 的计算按 SL 744 的规定执行。

表 10.1.1　　　　　　　　安 全 加 高 h_c　　　　　　单位：m

水位	坝 的 级 别		
	1 级	2 级	3 级
正常蓄水位	0.7	0.5	0.4
校核洪水位	0.5	0.4	0.3

4－2－2－6　《水利水电工程进水口设计规范》SL 285—2003

a)　**3.2.2**　安全超高标准。

闸门、启闭机和电气设备工作平台对挡水位的安全超高标准，对于整体布置进水口应与大坝、河床式水电站和拦河闸等枢纽工程主体建筑物相同；对于独立布置进水口应根据进水口建筑物级别与特征挡水位按表 3.2.2 采用；对于堤防涵闸式进水口还应符合 GB 50286—98 的有关规定。

表 3.2.2　　　　　进水口工作平台安全超高标准（cm）

进水口建筑物级别		1	2	3	4、5
特征	设计水位	70	50	40	30
挡水位	校核水位	50	40	30	20

注　表中安全超高为特征挡水位加波浪爬高、风壅增高后的安全加高值。

4－2－2－7　《水利水电工程施工组织设计规范》SL 303—2017

a)　**2.4.20**　不过水围堰堰顶高程和堰顶安全加高值应符合下列规定：

1　堰顶高程应不低于设计洪水的静水位与波浪高度及堰顶安全加高值之和，其堰顶安全加高应不低于表 2.4.20 的规定值。

2　土石围堰防渗体顶部在设计洪水静水位以上的加高值：斜墙式防渗体为 0.8～0.6m；心墙式防渗体为 0.6～0.3m。3 级土石围堰的防渗体顶部应预留完工后的沉降超高。

3　考虑涌浪或折冲水流影响，当下游有支流顶托时，应组合各种流量顶托情况，校核围堰堰顶高程。

4　形成冰塞、冰坝的河流应考虑其造成的壅水高度。

表 2.4.20　　　　　不过水围堰堰顶安全加高下限值　　　　　单位：m

围堰型式	围 堰 级 别	
	3 级	4～5 级
土石围堰	0.7	0.5
混凝土围堰、浆砌石围堰	0.4	0.3

4-2-2-8 《混凝土重力坝设计规范》SL 319—2018

a) **4.2.1** 坝顶高程应高于水库最高静水位。坝顶上游防浪墙顶的高程应高于波浪顶高程，其与正常蓄水位或校核洪水位的高差，可由公式（4.2.1）计算，应选择两者中防浪墙顶高程的高者作为最低高程。

$$\Delta h = h_{1\%} + h_z + h_c \tag{4.2.1}$$

式中 Δh——防浪墙顶至正常蓄水位或校核洪水位的高差，m；

$h_{1\%}$——累计频率1%的波高，m，按照 SL 744 的有关规定计算；

h_z——波浪中心线至正常蓄水位或校核洪水位的高差，m，按照 SL 744 的有关规定计算；

h_c——安全加高，按表4.2.1采用。

表4.2.1 安全加高 h_c 单位：m

相 应 水 位	坝 的 级 别		
	1级	2级	3级
正常蓄水位	0.7	0.5	0.4
校核洪水位	0.5	0.4	0.3

4-2-2-9 《水工挡土墙设计规范》SL 379—2007

a) **3.2.2** 不允许漫顶的水工挡土墙墙前有挡水或泄水要求时，墙顶的安全加高值不应小于表3.2.2规定的下限值。

表3.2.2 水工挡土墙墙顶安全加高下限值 单位：m

运 用 情 况		挡 土 墙 级 别			
		1	2	3	4
挡 水	正常挡水位	0.7	0.5	0.4	0.3
	最高挡水位	0.5	0.4	0.3	0.2
泄 水	设计洪水位	1.5	1.0	0.7	0.5
	校核洪水位	1.0	0.7	0.5	0.4

4-2-2-10 《水利水电工程施工导流设计规范》SL 623—2013

a) **6.3.10** 不过水围堰堰顶高程和堰顶安全加高值应符合下列规定：

1 堰顶高程不低于设计洪水的静水位与波浪高度及堰顶安全加高值之和，其堰顶安全加高不低于表6.3.10中的值。

2 土石围堰防渗体顶部在设计洪水静水位以上的加高值：斜墙式防渗体为0.6～0.8m；心墙式防渗体为0.3～0.6m。3级土石围堰的防渗体顶部宜预留完工后的沉降超高。

3 考虑涌浪、折冲水流或下游支流顶托影响。

4 可能形成冰塞、冰坝的河流应考虑其造成的壅水高度。

表 6.3.10 不过水围堰堰顶安全加高下限值 单位：m

围 堰 型 式	围 堰 级 别	
	3	4～5
土石围堰	0.7	0.5
混凝土围堰、浆砌石围堰	0.4	0.3

4-2-2-11 《水利水电工程围堰设计规范》SL 645—2013

a) **6.2.3** 不过水围堰堰顶高程和堰顶安全加高值应符合下列要求：

1 堰顶高程应不低于设计洪水的静水位与波浪高度及堰顶安全加高值之和，其堰顶安全加高应不低于表 6.2.3 规定值。

2 土石围堰防渗体顶部在设计洪水静水位以上的加高值：斜墙式防渗体为 0.6～0.8m；心墙式防渗体为 0.3～0.6m。3 级土石围堰的防渗体顶部宜预留完工后的沉降超高。

3 考虑涌浪或折冲水流影响，当下游有支流顶托时，应组合各种流量顶托情况，校核围堰顶高程。

4 可能形成冰塞、冰坝的河流应考虑其造成的壅水高度。

表 6.2.3 不过水围堰堰顶安全加高下限值 单位：m

围 堰 型 式	围 堰 级 别	
	3	4、5
土石围堰	0.7	0.5
混凝土围堰、浆砌石围堰	0.4	0.3

4-3 稳 定 与 强 度

4-3-1 《泵站设计规范》GB 50265—2010

a) **6.3.5** 泵房沿基础底面抗滑稳定安全系数允许值应按表 6.3.5 采用。

表 6.3.5 抗滑稳定安全系数允许值

地基类别	荷载组合		泵站建筑物级别				适用公式
			1	2	3	4、5	
土基	基本组合		1.35	1.30	1.25	1.20	适用于公式（6.3.4-1）或公式（6.3.4-2）
	特殊组合	I	1.20	1.15	1.10	1.05	
		II	1.10	1.05	1.05	1.00	

续表

地基类别	荷载组合		泵站建筑物级别				适用公式
			1	2	3	4、5	
岩基	基本组合		1.10	1.08		1.05	适用于公式（6.3.4－1）
	特殊组合	Ⅰ	1.05	1.03		1.00	
		Ⅱ	1.00				
	基本组合		3.00				适用于公式（6.3.4－3）
	特殊组合	Ⅰ	2.50				
		Ⅱ	2.30				

注　特殊组合Ⅰ适用于施工工况、检修工况和非常运用工况，特殊组合Ⅱ适用于地震工况。

b)　　**6.3.7**　泵房抗浮稳定安全系数的允许值，不分泵站级别和地基类别，基本荷载组合下不应小于 1.10，特殊荷载组合下不应小于 1.05。

4-3-2　《蓄滞洪区设计规范》GB 50773—2012

a)　　**3.2.10**　蓄滞洪区安全台台坡的抗滑稳定安全系数，不应小于表 3.2.10 的规定。

表 3.2.10　　　　　　　安全台台坡的抗滑稳定安全系数

安全系数	正常运用条件	1.15
	非常运用条件	1.05

4-3-3　《小型水利水电工程碾压式土石坝设计规范》SL 189—2013

a)　　**8.2.3**　对于圆弧滑动法，可采用瑞典圆弧法或简化毕肖普法计算，坝坡抗滑稳定安全系数应不小于表 8.2.3 的规定。

表 8.2.3　　　　　　　坝坡抗滑稳定最小安全系数表

运　用　条　件	最　小　安　全　系　数	
	瑞典圆弧法	简化毕肖普法
正常运用条件	1.15	1.25
非常运用条件Ⅰ	1.05	1.15
非常运用条件Ⅱ	1.02	1.10

注1：正常运用条件包括：
　　（1）水库水位处于正常蓄水位和设计洪水位与死水位之间的各种水位的稳定渗流期；
　　（2）水库水位在上述范围内经常性的正常降落。
注2：非常运用条件Ⅰ包括：
　　（1）施工期；
　　（2）校核洪水位有可能形成稳定渗流的情况；
　　（3）水库水位的非常降落（如水库水位自校核洪水位降落、降落至死水位以下，以及大流量快速泄空等）。
注3：非常运用条件Ⅱ：正常运用条件遇地震。

4-3-4　《水工混凝土结构设计规范》SL 191—2008

a)　　**3.1.9**　未经技术鉴定或设计许可，不应改变结构的用途和使用环境。

b) **3.2.2** 承载能力极限状态计算时，结构构件计算截面上的荷载效应组合设计值 S 应按下列规定计算：

1 基本组合

当永久荷载对结构起不利作用时：

$$S = 1.05S_{G1k} + 1.20S_{G2k} + 1.20S_{Q1k} + 1.10S_{Q2k} \qquad (3.2.2-1)$$

当永久荷载对结构起有利作用时：

$$S = 0.95S_{G1k} + 0.95S_{G2k} + 1.20S_{Q1k} + 1.10S_{Q2k} \qquad (3.2.2-2)$$

式中 S_{G1k}——自重、设备等永久荷载标准值产生的荷载效应；

$\qquad S_{G2k}$——土压力、淤沙压力及围岸压力等永久荷载标准值产生的荷载效应；

$\qquad S_{Q1k}$——一般可变荷载标准值产生的荷载效应；

$\qquad S_{Q2k}$——可控制其不超出规定限值的可变荷载标准值产生的荷载效应。

2 偶然组合

$$S = 1.05S_{G1k} + 1.20S_{G2k} + 1.20S_{Q1k} + 1.10S_{Q2k} + 1.0S_{Ak} \qquad (3.2.2-3)$$

式中 S_{Ak}——偶然荷载标准值产生的荷载效应。

式（3.2.2-3）中，参与组合的某些可变荷载标准值，可根据有关标准作适当折减。

荷载的标准值可按《水工建筑物荷载设计规范》（DL 5077—1997）及《水工建筑物抗震设计规范》（SL 203—97）的规定取用。

注1：本标准有关承载能力极限状态计算的条文中，荷载效应组合设计算 S 即为截面内力设计值（M、N、V、T 等）。

注2：水工建筑物的稳定性验算时，应取荷载标准值进行，其稳定性安全系数应按相关标准取值。

c) **3.2.4** 承载能力极限状态计算时，钢筋混凝土、预应力混凝土及素混凝土结构构件的承载力安全系数 K 不应小于表3.2.4的规定。

表3.2.4　　　　　　　　混凝土结构构件的承载力安全系数 K

水工建筑物级别		1		2、3		4、5	
荷载效应组合		基本组合	偶然组合	基本组合	偶然组合	基本组合	偶然组合
钢筋混凝土、预应力混凝土		1.35	1.15	1.20	1.00	1.15	1.00
素混凝土	按受压承载力计算的受压构件、局部承压	1.45	1.25	1.30	1.10	1.25	1.05
	按受拉承载力计算的受压、受弯构件	2.20	1.90	2.00	1.70	1.90	1.60

注1：水工建筑物的级别应根据《水利水电工程等级划分及洪水标准》（SL 252—2000）确定。

注2：结构在使用、施工、检修期的承载力计算，安全系数 K 应按表中基本组合取值；对地震及校核洪水位的承载力计算，安全系数 K 应按表中偶然组合取值。

注3：当荷载效应组合由永久荷载控制时，表列安全系数 K 应增加0.05。

注4：当结构的受力情况较为复杂、施工特别困难、荷载不能准确计算、缺乏成熟的设计方法或结构有特殊要求时，承载力安全系数 K 宜适当提高。

d)　**4.1.4**　混凝土轴心抗压、轴心抗拉强度标准值 f_{ck}、f_{tk} 应按表 4.1.4 确定。

表 4.1.4　　　　　　　　　混 凝 土 强 度 标 准 值　　　　　　　　　单位：N/mm²

强度种类	符　号	混凝土强度等级									
		C15	C20	C25	C30	C35	C40	C45	C50	C55	C60
轴心抗压	f_{ck}	10.0	13.4	16.7	20.1	23.4	26.8	29.6	32.4	35.5	38.5
轴心抗拉	f_{tk}	1.27	1.54	1.78	2.01	2.20	2.39	2.51	2.64	2.74	2.85

e)　**4.1.5**　混凝土轴心抗压、轴心抗拉强度设计值 f_c、f_t 应按表 4.1.5 确定。

表 4.1.5　　　　　　　　　混 凝 土 强 度 设 计 值　　　　　　　　　单位：N/mm²

强度种类	符号	混凝土强度等级									
		C15	C20	C25	C30	C35	C40	C45	C50	C55	C60
轴心抗压	f_c	7.2	9.6	11.9	14.3	16.7	19.1	21.1	23.1	25.3	27.5
轴心抗拉	f_t	0.91	1.10	1.27	1.43	1.57	1.71	1.80	1.89	1.96	2.04

注：计算现浇钢筋混凝土轴心受压和偏心受压构件时，如截面的长边或直径小于 300mm，则表中的混凝土强度设计值应乘以系数 0.8；当构件质量（如混凝土成型、截面和轴线尺寸等）确有保证时，可不受此限制。

f)　**4.2.2**　钢筋的强度标准值应具有不小于 95% 的保证率。

普通钢筋的强度标准值 f_{yk} 应按表 4.2.2 - 1 采用；预应力钢筋的强度标准值 f_{ptk} 应按表 4.2.2 - 2 采用。

表 4.2.2 - 1　　　　　　　　普通钢筋强度标准值

种　　类		符　号	d（mm）	f_{yk}（N/mm²）
热轧钢筋	HPB235	φ	8～20	235
	HRB335	$\underline{\Phi}$	6～50	335
	HRB400	$\underline{\underline{\Phi}}$	6～50	400
	RRB400	$\underline{\Phi}^R$	8～40	400

注 1：热轧钢筋直径 d 系指公称直径。
注 2：当采用直径大于 40mm 的钢筋时，应有可靠的工程经验。

表 4.2.2 - 2　　　　　　　　预应力钢筋强度标准值

种　　类		符　号	公称直径 d（mm）	f_{ptk}（N/mm²）
钢绞线	1×2	ϕ^S	5、5.8	1570、1720、1860、1960
			8、10	1470、1570、1720、1860、1960
			12	1470、1570、1720、1860
	1×3		6.2、6.5	1570、1720、1860、1960
			8.6	1470、1570、1720、1860、1960
			8.74	1570、1670、1860
			10.8、12.9	1470、1570、1720、1860、1960

续表

种 类		符号	公称直径 d（mm）	f_{ptk}（N/mm²）
钢绞线	1×3I	ϕ^S	8.74	1570、1670、1860
	1×7		9.5、11.1、12.7	1720、1860、1960
			15.2	1470、1570、1670、1720、1860、1960
			15.7	1770、1860
			17.8	1720、1860
	(1×7)C		12.7	1860
			15.2	1820
			18.0	1720
消除应力钢丝	光圆螺旋肋	ϕ^P ϕ^H	4、4.8、5	1470、1570、1670、1770、1860
			6、6.25、7	1470、1570、1670、1770
			8、9	1470、1570
			10、12	1470
	刻痕	ϕ^I	≤5	1470、1570、1670、1770、1860
			>5	1470、1570、1670、1770
钢棒	螺旋槽	ϕ^{HG}	7.1、9、10.7、12.6	1080、1230、1420、1570
	螺旋肋	ϕ^{HR}	6、7、8、10、12、14	
螺纹钢筋	PSB785	ϕ^{PS}	18、25、32、40、50	980
	PSB830			1030
	PSB930			1080
	PSB1080			1230

注 1：钢绞线直径 d 系指钢绞线外接圆直径，即《预应力混凝土用钢绞线》（GB/T 5224—2003）中的公称直径 D_n；钢丝、螺纹钢筋及钢棒的直径 d 均指公称直径。

注 2：1×3I 为三根刻痕钢丝捻制的钢绞线；（1×7）C 为七根钢丝捻制又经模拔的钢绞线。

注 3：根据国家标准，同一规格的钢丝（钢绞线、钢棒）有不同的强度级别，因此表中对同一规格的钢丝（钢绞线、钢棒）列出了相应的 f_{ptk} 值，在设计中可自行选用。

g） **4.2.3** 普通钢筋的抗拉强度设计值 f_y 及抗压强度设计值 f'_y 应按表4.2.3-1采用；预应力钢筋的抗拉强度设计值 f_{py} 及抗压强度设计值 f'_{py} 应按表 4.2.3-2 采用。

表 4.2.3-1 　　　　　　普通钢筋强度设计值 　　　　　单位：N/mm²

种 类		符号	f_y	f'_y
热轧钢筋	HPB235	ϕ	210	210
	HRB335	Φ	300	300
	HRB400	Φ	360	360
	RRB400	Φ^R	360	360

注：在钢筋混凝土结构中，轴心受拉和小偏心受拉构件的钢筋抗拉强度设计值大于 300N/mm² 时，仍应按 300N/mm² 取用。

表 4.2.3 - 2　　　　　　　　　　　　预应力钢筋强度设计值　　　　　　　　　单位：N/mm²

种　类		符号	f_{ptk}	f_{py}	f'_{py}
钢绞线	1×2 1×3 1×3I 1×7 (1×7) C	ϕ^S	1470	1040	390
			1570	1110	
			1670	1180	
			1720	1220	
			1770	1250	
			1820	1290	
			1860	1320	
			1960	1380	
消除应力 钢丝	光圆 螺旋肋 刻痕	ϕ^P ϕ^H ϕ^I	1470	1040	410
			1570	1110	
			1670	1180	
			1770	1250	
			1860	1320	
钢棒	螺旋槽 螺旋肋	ϕ^{HG} ϕ^{HR}	1080	760	400
			1230	870	
			1420	1005	
			1570	1110	
螺纹钢筋	PSB785	ϕ^{PS}	980	650	400
	PSB830		1030	685	
	PSB930		1080	720	
	PSB1080		1230	820	
注：当预应力钢绞线、钢丝的强度标准值不符合表 4.2.2 - 2 的规定时，其强度设计值应进行换算。					

h)　　**5.1.1**　素混凝土不得用于受拉构件。

i)　　**9.2.1**　纵向受力钢筋的混凝土保护层厚度（从钢筋外边缘算起）不应小于钢筋直径及表 9.2.1 所列的数值，同时也不应小于粗骨料最大粒径的 1.25 倍。

表 9.2.1　　　　　　　　　　　　混凝土保护层最小厚度　　　　　　　　　　单位：mm

项次	构　件　类　别	环　境　类　别				
		一	二	三	四	五
1	板、墙	20	25	30	45	50
2	梁、柱、墩	30	35	45	55	60
3	截面厚度不小于 2.5m 的底板及墩墙	—	40	50	60	65

注 1：直接与地基接触的结构底层钢筋或无检修条件的结构，保护层厚度应适当增大。
注 2：有抗冲耐磨要求的结构面层钢筋，保护层厚度应适当增大。
注 3：混凝土强度等级不低于 C30 且浇筑质量有保证的预制构件或薄板，保护层厚度可按表中数值减小 5mm。
注 4：钢筋表面涂塑或结构外表面敷设永久性涂料或面层时，保护层厚度可适当减小。
注 5：严寒和寒冷地区受冰冻的部位，保护层厚度还应符合《水工建筑物抗冰冻设计规范》（SL 211—2006）的规定。

j） **9.3.2** 当计算中充分利用钢筋的抗拉强度时，受拉钢筋伸入支座的锚固长度不应小于表 9.3.2 中规定的数值。

受压钢筋的锚固长度不应小于表 9.3.2 所列数值的 0.7 倍。

表 9.3.2 **受拉钢筋的最小锚固长度 l_a**

项次	钢 筋 种 类	混凝土强度等级					
		C15	C20	C25	C30	C35	≥C40
1	HPB235 级	40d	35d	30d	25d	25d	20d
2	HRB335 级		40d	35d	30d	30d	25d
3	HRB400 级、RRB400 级		50d	40d	35d	35d	30d

注1：d 为钢筋直径。

注2：HPB235 级钢筋的最小锚固长度 l_a 值不包括弯钩长度。

k） **9.5.1** 钢筋混凝土构件的纵向受力钢筋的配筋率不应小于表 9.5.1 规定的数值。

表 9.5.1 **钢筋混凝土构件纵向受力钢筋的最小配筋率 ρ_{min}（％）**

项次	分 类	钢 筋 种 类		
		HPB235 级	HRB335 级	HRB400 级、RRB400 级
1	受弯构件、偏心受拉构件的受拉钢筋 梁 板	0.25 0.20	0.20 0.15	0.20 0.15
2	轴心受压柱的全部纵向钢筋	0.60	0.60	0.55
3	偏心受压构件的受拉或受压钢筋 柱、拱 墩墙	0.25 0.20	0.20 0.15	0.20 0.15

注1：项次1、3中的配筋率是指钢筋截面面积与构件肋宽乘以有效高度的混凝土截面面积的比值，即 $\rho = \dfrac{A_s}{bh_0}$ 或 $\rho' = \dfrac{A_s'}{bh_0}$；项次2中的配筋率是指全部纵向钢筋截面面积与柱截面面积的比值。

注2：温度、收缩等因素对结构产生的影响较大时，纵向受拉钢筋的最小配筋率应适当增大。

注3：当结构有抗震设防要求时，钢筋混凝土框架结构构件的最小配筋率应按第13章的规定取值。

l） **9.6.6** 预制构件的吊环必须采用 HPB235 级钢筋制作，严禁采用冷加工钢筋。

m） **9.6.7** 预埋件的锚筋应采用 HPB235 级、HRB335 级或 HRB400 级钢筋，严禁采用冷加工钢筋。锚筋采用光圆钢筋时，端部应加弯钩。

4-3-5 《溢洪道设计规范》SL 253—2018

a） **5.3.9** 堰基面的抗滑稳定按抗剪断强度公式（5.3.9-1）或抗剪强度公式

（5.3.9－2）计算。

3 抗滑稳定安全系数规定如下：

1） 按抗剪断强度公式（5.3.9－1）计算的堰基面抗滑稳定安全系数 K' 值不应小于表5.3.9－1的规定。

表5.3.9－1　　　　　　　　堰基面抗滑稳定安全系数 K'

荷　载　组　合		K'
基本组合		3.0
特殊组合	（1）	2.5
	（2）	2.3
注：地震情况为特殊组合（2），其他特殊组合为特殊组合（1）。		

2） 按抗剪强度公式（5.3.9－2）计算的堰基面抗滑稳定安全系数 K 值不应小于表5.3.9－2的规定。

表5.3.9－2　　　　　　　　坝基面抗滑稳定安全系数 K

荷　载　组　合		溢洪道的级别		
		1	2	3
基本组合		1.10	1.05	1.05
特殊组合	（1）	1.05	1.00	1.00
	（2）	1.00	1.00	1.00
注：地震情况为特殊组合（2），其他特殊组合为特殊组合（1）。				

b） **5.3.13** 堰基面上的垂直正应力，应满足下列要求：

1 运用期：在各种荷载组合情况下（地震情况除外），堰基面上的最大垂直正应力 σ_{max} 应小于基岩的容许承载力（计算时分别计入扬压力和不计入扬压力）；最小垂直正应力 σ_{min} 应大于零（计入扬压力）。地震情况下堰基面上的最大垂直正应力 σ_{max} 应小于基岩的容许承载力；容许出现不大于0.1MPa的垂直拉应力。

2 施工期：堰基面上的最大垂直正应力 σ_{max} 应小于基岩的容许承载力；堰基面下游端的最小垂直正应力 σ_{min} 容许有不大于0.1MPa的拉应力。

4－3－6　《水闸设计规范》SL 265—2016

a） **7.3.13** 土基上沿闸室基底面抗滑稳定安全系数允许值应符合表7.3.13的规定。

表7.3.13　　　　　土基上沿闸室基底面抗滑稳定安全系数的允许值

荷　载　组　合	水闸级别			
	1	2	3	4、5
基本组合	1.35	1.30	1.25	1.20
特殊组合Ⅰ	1.20	1.15	1.10	1.05

续表

荷 载 组 合	水 闸 级 别			
	1	2	3	4、5
特殊组合Ⅱ	1.10	1.05	1.05	1.00

注1：特殊组合Ⅰ适用于施工情况、检修情况及校核洪水位情况。
注2：特殊组合Ⅱ适用于地震情况。

b) **7.3.14** 岩基上沿闸室基底面抗滑稳定安全系数允许值应符合表7.3.14的规定。

表7.3.14　　　　　岩基上沿闸室基底面抗滑稳定安全系数的允许值

荷 载 组 合	按公式（7.3.6-1）计算时			按公式（7.3.8）计算时
	水 闸 级 别			
	1	2、3	4、5	
基本组合	1.10	1.08	1.05	3.00
特殊组合Ⅰ	1.05	1.03	1.00	2.50
特殊组合Ⅱ	1.00	1.00	1.00	2.30

注1：特殊荷载组合Ⅰ适用于施工情况、检修情况及校核洪水位情况。
注2：特殊荷载组合Ⅱ适用于地震情况。

4-3-7 《水电站厂房设计规范》SL 266—2014

a) **5.3.5** 厂房抗浮稳定应符合下列规定：

　　1 任何情况下，抗浮稳定安全系数不应小于1.1。

4-3-8 《碾压式土石坝设计规范》SL 274—2001

a) **8.3.10** 采用计及条块间作用力的计算方法时，坝坡抗滑稳定的安全系数，应不小于表8.3.10规定的数值。

　　混凝土面板堆石坝用非线性抗剪强度指标计算坝坡稳定的安全系数可参照表8.3.10的规定。

表8.3.10　　　　　　　坝坡抗滑稳定最小安全系数

运 用 条 件	工 程 等 级			
	1	2	3	4、5
正常运用条件	1.50	1.35	1.30	1.25
非常运用条件Ⅰ	1.30	1.25	1.20	1.15
非常运用条件Ⅱ	1.20	1.15	1.15	1.10

注　运用条件详见本规范1.0.5。

b)　　**8.3.11**　采用不计条块间作用力的瑞典圆弧法计算坝坡抗滑稳定安全系数时，对1级坝正常运用条件最小安全系数应不小于 1.30，其他情况应比本规范表 8.3.10 规定的数值减小 8%。

c)　　**8.3.12**　采用滑楔法进行稳定计算时，若假定滑楔之间作用力平行于坡面和滑底斜面的平均坡度，安全系数应符合本规范表 8.3.10 的规定；若假定滑楔之间作用力为水平方向，安全系数应符合本规范 8.3.11 的规定。

4-3-9　《混凝土拱坝设计规范》SL 282—2018

a)　　**7.3.1**　采用拱梁分载法计算时，坝体的主压应力和主拉应力应符合下列应力控制指标的规定：

1　坝体的主压应力不应大于混凝土的容许压应力。混凝土的容许压应力等于混凝土强度值除以安全系数。对于基本荷载组合，1级、2级拱坝的安全系数采用 4.0，3级拱坝的安全系数采用 3.5。对于非地震情况特殊荷载组合，1级、2级拱坝的安全系数采用 3.5，3级拱坝的安全系数采用 3.0。

2　坝体的主拉应力不应大于混凝土的容许拉应力。对于基本荷载组合，混凝土的容许拉应力为 1.2MPa。对于非地震情况特殊荷载组合，混凝土的容许拉应力为 1.5MPa。

b)　　**8.2.5**　采用刚体极限平衡法进行抗滑稳定分析时，1级、2级拱坝及高拱坝，应按公式（8.2.5-1）计算，其他则应按公式（8.2.5-1）或公式（8.2.5-2）进行计算：

$$K_1 = \frac{\sum (Nf' + c'A)}{\sum T} \qquad (8.2.5-1)$$

$$K_2 = \frac{\sum Nf}{\sum T} \qquad (8.2.5-2)$$

式中　K_1、K_2——抗滑稳定安全系数；

　　　　N——垂直于滑裂面的作用力，10^3kN；

　　　　T——沿滑裂面的作用力，10^3kN；

　　　　A——计算滑裂面的面积，m^2；

　　　　f'——滑裂面的抗剪断摩擦系数；

　　　　c'——滑裂面的抗剪断凝聚力，MPa；

　　　　f——滑裂面的抗剪摩擦系数。

c)　　**8.2.6**　非地震工况按公式（8.2.5-1）或公式（8.2.5-2）计算时，拱座抗滑稳定安全系数不应小于表 8.2.6 的规定。

表8.2.6 非地震工况抗滑稳定安全系数

荷载组合		建筑物级别		
		1级	2级	3级
按公式 (8.2.5-1)	基本	3.50	3.25	3.00
	特殊（非地震）	3.00	2.75	2.50
按公式 (8.2.5-2)	基本	—	—	1.30
	特殊（非地震）	—	—	1.10

4-3-10 《水利水电工程进水口设计规范》SL 285—2003

a） **3.2.3** 建筑物整体稳定安全标准。

整体布置进水口的整体稳定安全标准应与大坝、河床式水电站和拦河闸等枢纽工程主体建筑物相同。

对于独立布置进水口，当建基面为岩石地基时，沿建基面整体稳定安全标准应根据其建筑物等级及荷载组合按表3.2.3规定采用；当建基面为土质地基时，应按《水闸设计规范》SL 265—2001有关规定采用。

表3.2.3 独立布置进水口整体稳定安全标准

建筑物 级别	抗滑稳定安全系数				抗倾覆稳定 安全系数		抗浮稳定 安全系数	
	抗剪断公式		抗剪公式		基本 组合	特殊 组合	基本 组合	特殊 组合
	基本 组合	特殊 组合	基本 组合	特殊 组合				
1、2	3.0	2.5	1.1	1.05	1.35	1.2	1.10	1.05
3、4、5	3.0	2.5	1.05	1.00	1.3	1.15	1.10	1.05

注 本表适用于建基面为岩石地基情况。

b） **3.2.4** 建基面应力标准。

整体布置进水口建基面应力标准应与大坝、河床式水电站和拦河闸等枢纽工程主体建筑物相同。

对于独立布置进水口，当建基面为岩石地基时，建基面允许应力标准应按表3.2.4规定采用；当建基面为土质地基时，地基容许承载力应按SL265—2001中有关地基整体稳定的规定采用。

表3.2.4 独立布置进水口建基面允许应力（MPa）

建筑物级别	建基面最大压应力		建基面拉应力	
	基本组合	特殊组合	基本组合	特殊组合
1、2	小于地基允许压应力		不得出现	0.1
3、4、5			0.1	0.2

注 本表适用于建基面为岩石地基情况。

4-3-11　《水利水电工程施工组织设计规范》SL 303—2017

a)　**2.4.17**　土石围堰、混凝土围堰与浆砌石围堰的稳定安全系数应满足下列要求：

1　土石围堰边坡稳定安全系数应满足表 2.4.17 的规定。

表 2.4.17　　　　　　　　土石围堰边坡稳定安全系数

围堰级别	计　算　方　法	
	瑞典圆弧法	简化毕肖普法
3 级	≥1.20	≥1.30
4 级、5 级	≥1.05	≥1.15

2　重力式混凝土围堰、浆砌石围堰采用抗剪断公式计算时，安全系数 K' 应不小于 3.0，排水失效时安全系数 K' 应不小于 2.5；抗剪强度公式计算时安全系数 K 应不小于 1.05。

4-3-12　《碾压混凝土坝设计规范》SL 314—2018

a)　**4.0.3**　碾压混凝土重力坝坝体抗滑稳定分析应包括沿坝基面和碾压层（缝）面的抗滑稳定。坝体碾压层（缝）面的抗滑稳定计算应采用抗剪断公式，其安全系数应符合 SL 319 的有关规定。

4-3-13　《混凝土重力坝设计规范》SL 319—2018

a)　**6.3.3**　按式（6.3.2）计算的重力坝坝基面坝踵、坝趾的垂直应力应符合下列要求：

1　运用期：

　　1）在各种荷载组合下（地震荷载除外），坝踵垂直应力不应出现拉应力，坝趾垂直应力不应大于坝体混凝土容许压应力，并不应大于基岩容许承载力。

2　施工期：坝趾垂直拉应力不大于 0.1MPa。

b)　**6.3.4**　重力坝坝体应力应符合下列要求：

1　运用期：

　　1）坝体上游面的垂直应力不出现拉应力（计扬压力）。

　　2）坝体最大主压应力不应大于混凝土的容许压应力值。

2　施工期：

　　1）坝体任何载面上的主压应力不应大于混凝土的容许压应力。

　　2）在坝体的下游面，主拉应力不大于 0.2MPa。

c)　**6.3.10**　混凝土的容许应力应按大坝混凝土的极限强度除以相应的安全系数确定。

1　坝体混凝土抗压安全系数，基本组合不应小于 4.0；特殊组合（不含地震工况）不应小于 3.5。

2 局部混凝土有抗拉要求的,抗拉安全系数不应小于 4.0。

d) **6.4.1** 抗滑稳定计算主要核算坝基面滑动条件,采用刚体极限平衡法应按抗剪断强度公式(6.4.1-1)或抗剪强度公式(6.4.1-2)计算坝基面的抗滑稳定安全系数。

1 抗剪断强度的计算公式:

$$K' = \frac{f'\sum W + c'A}{\sum P} \tag{6.4.1-1}$$

式中 K'——按抗剪断强度计算的抗滑稳定安全系数;

   f'——坝体混凝土与坝基接触面的抗剪断摩擦系数;

   c'——坝体混凝土与坝基接触面的抗剪断凝聚力,kPa;

   A——坝基接触面截面积,m^2;

   $\sum W$——作用于坝体上全部荷载(包括扬压力,下同)对滑动平面的法向分值,kN;

   $\sum P$——作用于坝体上全部荷载对滑动平面的切向分值,kN。

2 抗剪强度的计算公式:

$$K = \frac{f\sum W}{\sum P} \tag{6.4.1-2}$$

式中 K——按抗剪强度计算的抗滑稳定安全系数;

   f——坝体混凝土与坝基接触面的抗剪摩擦系数。

3 抗滑稳定安全系数的规定

   1)按抗剪断强度公式(6.4.1-1)计算的坝基面抗滑稳定安全系数 K' 值不应小于表 6.4.1-1 规定的数值。

表 6.4.1-1 坝基面抗滑稳定安全系数 K'

荷 载 组 合		K'
基 本 组 合		3.0
特殊组合	(1)	2.5
	(2)(拟静力法)	2.3

   2)按抗剪强度公式(6.4.1-2)计算的坝基面抗滑稳定安全系数 K 值不应小于表 6.4.1-2 规定的数值。

表 6.4.1-2 坝基面抗滑稳定安全系数 K

荷 载 组 合		坝 的 级 别		
		1 级	2 级	3 级
基 本 组 合		1.10	1.05	1.05
特殊组合	(1)	1.05	1.00	1.00
	(2)(拟静力法)	1.00	1.00	1.00

4－3－14　《水工挡土墙设计规范》SL 379—2007

a)　**3.2.7**　沿挡土墙基底面的抗滑稳定安全系数不应小于表3.2.7规定的允许值。

表3.2.7　　　　　　　　　　挡土墙抗滑稳定安全系数的允许值

荷载组合		土 质 地 基				岩 石 地 基				
		挡 土 墙 级 别				按式（6.3.5-1）计算时				按式（6.3.6）计算时
						挡 土 墙 级 别				
		1	2	3	4	1	2	3	4	
基本组合		1.35	1.30	1.25	1.20	1.10	1.08	1.08	1.05	3.00
特殊组合	Ⅰ	1.20	1.15	1.10	1.05	1.05	1.03	1.03	1.00	2.50
	Ⅱ	1.10	1.05	1.05	1.00	1.00				2.30
注：特殊组合Ⅰ适用于施工情况及校核洪水位情况，特殊组合Ⅱ适用于地震情况。										

b)　**3.2.8**　当验算土质地基上挡土墙沿软弱土体整体滑动时，按瑞典圆弧滑动法或折线滑动法计算的抗滑稳定安全系数不应小于表3.2.7规定的允许值。

c)　**3.2.10**　设有锚碇墙的板桩式挡土墙，其锚碇墙抗滑稳定安全系数不应小于表3.2.10规定的允许值。

表3.2.10　　　　　　　锚碇墙抗滑稳定安全系数的允许值

荷 载 组 合	挡 土 墙 级 别			
	1	2	3	4
基本组合	1.50	1.40	1.40	1.30
特殊组合	1.40	1.30	1.30	1.20

d)　**3.2.11**　对于加筋式挡土墙，不论其级别，基本荷载组合条件下的抗滑稳定安全系数不应小于1.40，特殊荷载组合条件下的抗滑稳定安全系数不应小于1.30。

e)　**3.2.12**　土质地基上挡土墙的抗倾覆稳定安全系数不应小于表3.2.12规定的允许值。

表3.2.12　　　　　土质地基上挡土墙抗倾覆稳定安全系数的允许值

荷 载 组 合	挡 土 墙 级 别			
	1	2	3	4
基本组合	1.60	1.50	1.50	1.40
特殊组合	1.50	1.40	1.40	1.30

f)　**3.2.13**　岩石地基上1～3级水工挡土墙，在基本荷载组合条件下，抗倾覆稳定

安全系数不应小于 1.50，4 级水工挡土墙抗倾覆稳定安全系数不应小于 1.40；在特殊荷载组合条件下，不论挡土墙的级别，抗倾覆稳定安全系数不应小于 1.30。

g）　3.2.14　对于空箱式挡土墙，不论其级别和地基条件，基本荷载组合条件下的抗浮稳定安全系数不应小于 1.10，特殊荷载组合条件下的抗浮稳定安全系数不应小于 1.05。

h）　6.3.1　土质地基和软质岩石地基上的挡土墙基底应力计算应满足下列要求：

　　1　在各种计算情况下，挡土墙平均基底应力不大于地基允许承载力，最大基底应力不大于地基允许承载力的 1.2 倍。

　　2　挡土墙基底应力的最大值与最小值之比不大于表 6.3.1 规定的允许值。

表 6.3.1　　　　　　挡土墙基底应力最大值与最小值之比的允许值

地 基 土 质	荷 载 组 合	
	基本组合	特殊组合
松　　软	1.50	2.00
中等坚实	2.00	2.50
坚　　实	2.50	3.00
注：对于地震区的挡土墙，其基底应力最大值与最小值之比的允许值可按表列数值适当增大。		

i）　6.3.2　硬质岩石地基上的挡土墙基底应力计算应满足下列要求：

　　1　在各种计算情况下，挡土墙最大基底应力不大于地基允许承载力。

　　2　除施工期和地震情况外，挡土墙基底不应出现拉应力；在施工期和地震情况下，挡土墙基底拉应力不应大于 100kPa。

4-3-15　《水利水电工程边坡设计规范》SL 386—2007

a）　3.4.2　采用 5.2 节规定的极限平衡方法计算的边坡抗滑稳定最小安全系数应满足表 3.4.2 的规定。经论证，破坏后给社会、经济和环境带来重大影响的 1 级边坡，在正常运用条件下的抗滑稳定安全系数可取 1.30～1.50。

表 3.4.2　　　　　　　　　　　　抗滑稳定安全系数标准

运 用 条 件	边 坡 级 别				
	1	2	3	4	5
正常运用条件	1.30～1.25	1.25～1.20	1.20～1.15	1.15～1.10	1.10～1.05
非常运用条件Ⅰ	1.25～1.20	1.20～1.15	1.15～1.10	1.10～1.05	
非常运用条件Ⅱ	1.15～1.10	1.10～1.05		1.05～1.00	

4－3－16　《水利水电工程施工导流设计规范》SL 623—2013

a)　6.3.4　土石围堰、混凝土围堰与浆砌石围堰的稳定安全系数应满足下列要求：

1　土石围堰边坡稳定安全系数应满足表6.3.4的规定。

表6.3.4　　　　　　　　　土石围堰边坡稳定安全系数表

围 堰 级 别	计 算 方 法	
	瑞典圆弧法	简化毕肖普法
3级围堰	≥1.20	≥1.30
4级、5级围堰	≥1.05	≥1.15

2　重力式混凝土围堰、浆砌石围堰采用抗剪断公式计算时，安全系数 K' 应不小于3.0，排水失效时安全系数 K' 应不小于2.5；按抗剪强度公式计算时安全系数 K 应不小于1.05。

4－3－17　《水利水电工程围堰设计规范》SL 645—2013

a)　6.5.1　土石围堰稳定计算应符合下列要求：

2　抗滑稳定采用瑞典圆弧法或简化毕肖普法时，土石围堰的边坡稳定安全系数应满足表6.5.1的规定。

表6.5.1　　　　　　　　　土石围堰边坡稳定安全系数表

围 堰 级 别	计 算 方 法	
	瑞典圆弧法	简化毕肖普法
3	≥1.20	≥1.30
4、5	≥1.05	≥1.15

b)　6.5.2　混凝土围堰稳定计算应符合下列要求：

4　混凝土重力式围堰采用抗剪断公式计算时，安全系数 $K' \geq 3.0$，排水失效时安全系数 $K' \geq 2.5$；按抗剪强度公式计算时安全系数 $K \geq 1.05$。

4－3－18　《预应力钢筒混凝土管道技术规范》SL 702—2015

a)　6.5.1　管道抗浮稳定安全系数应符合下列要求：

1　抗浮稳定安全系数不应小于1.1。

b)　6.5.2　管道直径变化处、转弯处、堵头、闸阀、伸缩节处的镇墩（支墩）或由限制性接头连接的管段抗滑稳定验算应符合下列要求：

1　抗滑稳定安全系数不应小于1.5，采用限制性接头连接多节管道时不应小于1.1。

4－4 抗 震

4－4－1 《水工建筑物抗震设计规范》 GB 51247—2018

a) **1.0.5** 地震基本烈度为Ⅵ度及Ⅵ度以上地区的坝高超过200m或库容大于100亿 m³的大（1）型工程，以及地震基本烈度为Ⅶ度及Ⅶ度以上地区的坝高超过150m的 大（1）型工程，其场地设计地震动峰值加速度和其对应的设计烈度应依据专门的场地 地震安全性评价成果确定。

b) **3.0.1** 水工建筑物应根据其重要性和工程场地地震基本烈度按表3.0.1确定其 工程抗震设防类别。

表 3.0.1 　　　　　　　　　　 工 程 抗 震 设 防 类 别

工程抗震设防类别	建 筑 物 级 别	场地地震基本烈度
甲类	1级（壅水和重要泄水）	≥Ⅵ度
乙类	1级（非壅水）、2级（壅水）	
丙类	2级（非壅水）、3级	≥Ⅶ度
丁类	4级、5级	

注：重要泄水建筑物指其失效可能危及壅水建筑物安全的泄水建筑物。

c) **3.0.4** 根据专门的场地地震安全性评价确定其设防依据的工程，其建筑物的基 岩平坦地表水平向设计地震动峰值加速度代表值的概率水准，对工程抗震设防类别为 甲类的壅水和重要泄水建筑物应取100年内超越概率 P_{100} 为0.02；对1级非壅水建筑 物应取50年内超越概率 P_{50} 为0.05；对于工程抗震设防类别其他非甲类的水工建筑物 应取50年内超越概率 P_{50} 为0.10，但不应低于区划图相应的地震动水平加速度分 区值。

d) **3.0.5** 对应作专门场地地震安全性评价的工程抗震设防类别为甲类的水工建筑 物，除按设计地震动峰值加速度进行抗震设计外，应对其在遭受场址最大可信地震时 不发生库水失控下泄的灾变安全裕度进行专门论证，并提出其所依据的抗震安全性专 题报告。其中："最大可信地震"的水平向峰值加速度代表值应根据场址地震地质条 件，按确定性方法或100年内超越概率 P_{100} 为0.01的概率法的结果确定。

e) **3.0.9** 对坝高大于100m、库容大于5亿 m³的新建水库，应进行水库地震安全 性评价；对有可能发生震级大于5.0级，或震中烈度大于Ⅶ度的水库地震时，应至少 在水库蓄水前1年建成水库地震监测台网并进行水库地震监测。

4－4－2 《水工混凝土结构设计规范》 SL 191—2008

a) **13.1.2** 结构的抗震验算，应符合下列规定：

1 设计烈度为6度时的钢筋混凝土构件（建造于Ⅳ类场地上较高的高耸结构除

外），可不进行截面抗震验算，但应符合本章的抗震措施及配筋构造要求。

　　2　设计烈度为 6 度时建造于 IV 类场地上较高的高耸结构，设计烈度为 7 度和 7 度以上的钢筋混凝土结构，应进行截面抗震验算。

4-4-3　《水工建筑物强震动安全监测技术规范》SL 486—2011

a）　**1.0.3**　下列情况应设置强震动安全监测台阵：

　　1　设计烈度为 7 度及以上的 1 级大坝、8 度及以上的 2 级大坝，应设置结构反应台阵。

4-5　挡水、蓄水建筑物

4-5-1　《堤防工程设计规范》GB 50286—2013

a）　**7.2.4**　黏性土土堤的填筑标准应按压实度确定。压实度值应符合下列规定：

　　1　1 级堤防不应小于 0.95。

　　2　2 级和堤身高度不低于 6m 的 3 级堤防不应小于 0.93。

　　3　堤身高度低于 6m 的 3 级及 3 级以下堤防不应小于 0.91。

b）　**7.2.5**　无黏性土土堤的填筑标准应按相对密度确定，1 级、2 级和堤身高度不低于 6m 的 3 级堤防不应小于 0.65，堤身高度低于 6m 的 3 级及 3 级以下堤防不应小于 0.60。有抗震要求的堤防应按现行行业标准《水工建筑物抗震设计规范》SL 203 的有关规定执行。

c）　**10.1.3**　修建与堤防交叉、连接的各类建筑物、构筑物，应进行洪水影响评价，不得影响堤防的管理运用和防汛安全。

4-5-2　《混凝土面板堆石坝设计规范》SL 228—2013

a）　**3.1.6**　混凝土面板堆石坝的泄水、放水建筑物布置，应考虑下列要求：

　　3　对于高坝、中坝和地震设计烈度为 8 度、9 度的坝，不应采用布置在软基上的坝下埋管型式。低坝采用软基上的坝下埋管时，应有充分的技术论证。

　　4　高坝、重要工程、地震设计烈度为 8 度、9 度的混凝土面板堆石坝，应设置放空设施。

b）　**8.2.1**　面板厚度的确定应满足下列要求：

　　1　应满足钢筋和止水布置要求，顶部厚度不应小于 0.3m。150m 以上的高坝宜加大面板顶部厚度。

　　2　控制渗透水力梯度不应超过 200。

4-5-3　《碾压式土石坝设计规范》SL 274—2001

a）　**4.1.5**　防渗土料应满足下列要求：

　　1　渗透系数：均质坝不大于 1×10^{-4} cm/s，心墙和斜墙不大于 1×10^{-5} cm/s。

2 水溶盐含量（指易溶盐和中溶盐，按质量计）不大于 3%。

3 有机质含量（按质量计）：均质坝不大于 5%，心墙和斜墙不大于 2%，超过此规定需进行论证。

b) **4.1.15** 反滤料、过渡层料和排水体料应符合下列要求：

1 质地致密，抗水性和抗风化性能满足工程运用条件的要求。

2 具有要求的级配。

3 具有要求的透水性。

4 反滤料和排水体料中粒径小于 0.075mm 的颗粒含量应不超过 5%。

c) **4.2.3** 粘性土的压实度应符合下列要求：

1 1 级、2 级坝和高坝的压实度应为 98%～100%，3 级中、低坝及 3 级以下的中坝压实度应为 96%～98%。

d) **4.2.5** 砂砾石和砂的填筑标准应以相对密度为设计控制指标，并应符合下列要求：

1 砂砾石的相对密度不应低于 0.75，砂的相对密度不应低于 0.70，反滤料宜为 0.70。

2 砂砾石中粗粒料含量小于 50%时，应保证细料（小于 5mm 的颗粒）的相对密度也符合上述要求。

e) **5.6.2** 土质防渗体（包括心墙、斜墙、铺盖和截水槽等）与坝壳和坝基透水层之间以及下游渗流出逸处，如不满足反滤要求，均必须设置反滤层。

4-5-4 《混凝土拱坝设计规范》SL 282—2018

a) **9.4.6** 帷幕体防渗标准和相对隔水层的透水率根据不同坝高采用下列控制标准：

1 坝高在 100m 以上，透水率 q 为 1～3Lu。

2 坝高在 50～100m 之间，透水率 q 为 3～5Lu。

4-5-5 《混凝土重力坝设计规范》SL 319—2018

a) **7.4.4** 帷幕体防渗标准和相对隔水层的透水率根据不同坝高采用下列控制标准：

1 坝高在 100m 以上，透水率 q 为 1～3Lu。

2 坝高在 50～100m 之间，透水率 q 为 3～5Lu。

4-6 输水、泄水建筑物

4-6-1 《小型水力发电站设计规范》GB 50071—2014

a) **5.5.12** 有压引水隧洞全线洞顶以上的压力水头，在最不利运行工况下，不应小于 2.0m。

4-6-2　《水工隧洞设计规范》SL 279—2016

a)　**5.1.2**　洞内流态应符合下列要求：

　　1　有压隧洞不应出现明满流交替的流态，在最不利运行条件下，全线洞顶处最小压力水头不应小于 2.0m。

　　2　高流速的泄洪隧洞不应出现明满流交替的流态。

b)　**9.8.8**　封堵体按抗剪断强度计算的抗滑稳定安全系数不应小于 3.0。

c)　**10.1.1**　混凝土、钢筋混凝土衬砌及封堵体顶部（顶拱）与围岩之间，必须进行回填灌浆。

4-6-3　《村镇供水工程技术规范》SL 310—2019

a)　**7.1.5**　村镇生活饮用水管网，严禁与非生活饮用水管网连接。

4-6-4　《风力提水工程技术规程》SL 343—2006

a)　**6.1.1**　风力提水工程设计应符合下列基本要求：

　　2　风力机、水源口、蓄水池处应设有安全防护设施和警示标志。

　　4　蓄水池应建在有重力供水条件的高处；在蓄水池周围不应建垃圾点、牲畜引水处，避免对水源造成污染；蓄水池出水管应设有阀门。

b)　**6.4.4**　水池设计应符合下列要求：

　　4　封闭式水池应设置清淤检修孔，开敞式水池应设护拦，护拦应有足够强度，高度不宜小于 1.1m。

4-6-5　《预应力钢筒混凝土管道技术规范》SL 702—2015

a)　**4.0.6**　在输水管道运行中，应保证在各种设计工况下管道不出现负压，在最不利运行条件下，压力管道顶部应有不少于 2.0m 的压力水头。

4-7　水电站建筑物

4-7-1　《水电站厂房设计规范》SL 266—2014

a)　**7.1.14**　地下厂房至少应有 2 个通至地面的安全出口。

4-8　防　　火

4-8-1　《水利工程设计防火规范》GB 50987—2014

a)　**4.1.1**　枢纽内相邻建筑物之间的防火间距不应小于表 4.1.1 的规定。

表 4.1.1 枢纽内相邻建筑物之间的防火间距（m）

建（构）筑物类型			丁类、戊类建筑		厂外油罐室或露天油罐	高层副厂房	办公、生活建筑	
			耐火等级				耐火等级	
			一级、二级	三级			一级、二级	三级
丁类、戊类建筑	耐火等级	一级、二级	10	12	12	13	10	12
		三级	12	14	15	15	12	14
厂外油罐室或露天油罐			12	15	—	15	15	20
高层副厂房			13	15	15	—	13	15
办公、生活建筑	耐火等级	一级、二级	10	12	15	13	6	7
		三级	12	14	20	15	7	8

注：1 防火间距应按相邻建筑物外墙的最近距离计算，如外墙有凸出的燃烧构件，则应从其凸出部分外缘算起。

2 两座均为一级、二级耐火等级的丁类、戊类建筑物，当相邻较低一面外墙为防火墙，且该建筑物屋盖的耐火极限不低于 1h 时，其防火间距不应小于 4.0m。

3 两座相邻建筑物当较高一面外墙为防火墙时，其防火间距不限。

b) 4.1.2 室外主变压器场与建筑物、厂外油罐室或露天油罐的防火间距不应小于表 4.1.2 的规定。

表 4.1.2 室外主变压器场与建筑物、厂外油罐室或露天油罐的防火间距（m）

名 称		枢纽建筑物		其 他 建 筑			厂外油罐室或露天油罐
		耐火等级		耐火等级			耐火等级
		一级、二级	三级	一级、二级	三级	四级	一级、二级
单台变压器油量（t）	≥5，≤10	12	15	15	20	25	12
	>10，≤50	15	20	20	25	30	15
	>50	20	25	25	30	35	20

注：防火间距应从距建筑物、厂外油罐室或露天油罐最近的变压器外壁算起。

4-8-2 《水利系统通信运行规程》SL 306—2004

a) 6.1.2 水利通信机房应符合通信机房消防规范要求，严禁存放易燃、易爆和腐蚀性物品，严禁烟火。通信机房应备有适宜电气设备的消防器材，专人负责，定期检查，确保完好。

4-9 安 全 监 测

4-9-1 《碾压式土石坝设计规范》SL 274—2001

a) 10.0.2 监测仪器、设施的选择，应在可靠、耐久、经济、适用前提下，力求先进和便于实现自动化监测。监测设施布置应符合下列规定：

3 内部监测设施至少应沿坝轴线的一个纵断面和最大坝高处（或其他有代表性的断面）的一个横断面布置，必要时可增设横断面。

4　坝肩及基岩断层带、坝基覆盖层最深处、承压含水层等，以及坝内有埋管或廊道处、坝的合龙段，应加设监测设施。

b)　**10.0.3**　1级、2级坝及高坝应设置下列监测项目：

1　坝面垂直位移、水平位移（纵向和横向）和接缝位移。

2　坝基沉降。

3　坝体内部垂直位移。

4　坝体和坝基的孔隙压力及坝体浸润线。

c)　**10.0.6**　地震监测设置应符合下列要求：

1　设计地震烈度为8度、9度地区的1级、2级高坝，应至少选1～2个断面，沿不同高程设置测点，采用强震仪监测坝体的动力反应。

4-10　工 程 管 理 设 计

4-10-1　《堤防工程管理设计规范》SL 171—96

a)　**6.5.1**　堤防通信设备的电源必须稳定可靠。1、2级堤防工程的1、2级管理单位，应采用双回路交流供电方式，并配置通信设备专用蓄电池和柴油机发电机组等备用电源。

b)　**8.3.3**　生产、生活区必须配置备用电源，备用电源的设备容量，应能满足防汛期间电网事故停电时，防汛指挥中心的主要生产服务设施用电负荷的需要。

5　机电与金属结构

5-1　电　　气

5-1-1　《水利工程设计防火规范》GB 50987—2014

a)　**6.1.3**　相邻两台油浸式变压器之间或油浸式电抗器之间、油浸式变压器与充油电气设备之间的防火间距不满足本规范第 6.1.1 条、第 6.1.2 条规定时，应设置防火墙分隔。防火墙的设置应符合下列规定：

　　1　高度应高于变压器油枕或油浸式电抗器油枕顶端 0.3m；

　　2　长度不应小于贮油坑边长及两端各加 1.0m 之和；

　　3　与油坑外缘的距离不应小于 0.5m。

b)　**6.1.4**　厂房外墙与室外油浸式变压器外缘的距离小于本规范表 4.1.2 规定时，该外墙应采用防火墙，且与变压器外缘的距离不应小于 0.8m。

　　距油浸式变压器外缘 5.0m 以内的防火墙，在变压器总高度加 3.0m 的水平线以下及两侧外缘各加 3.0m 的范围内，不应开设门窗和孔洞；在其范围以外需开设门窗时，应设置 A1.50 防火门或 A1.50 固定式防火窗。发电机母线或电缆穿越防火墙时，周围空隙应用不燃烧材料封堵，其耐火极限应与防火墙相同。

表 4.1.2　室外主变压器场与建筑物、厂外油罐室或露天油罐的防火间距（m）

名　　称		枢纽建筑物		其 他 建 筑			厂外油罐室或露天油罐
		耐火等级		耐火等级			耐火等级
		一级、二级	三级	一级、二级	三级	四级	一级、二级
单台变压器油量（t）	≥5，≤10	12	15	15	20	25	12
	>10，≤50	15	20	20	25	30	15
	>50	20	25	25	30	35	20

注：防火间距应从距建筑物、厂外油罐室或露天油罐最近的变压器外壁算起。

c)　**10.1.2**　消防用电设备应采用独立的双回路供电，并应在其末端设置双电源自动切换装置。

5-1-2　《小型水力发电站自动化设计规范》SL 229—2011

a)　**3.1.2**　水轮发电机组自动控制应符合下列基本要求：

10 在机组控制屏上应设紧急事故停机按钮，采用硬接线方式分别关闭进水阀（快速闸门）、启动紧急停机电磁阀（事故配压阀）、启动事故停机流程。

b) **3.2.6** 快速（事故）闸门应在中控室设置紧急关闭闸门的控制按钮。

5-1-3 《水利水电工程高压配电装置设计规范》SL 311—2004

a) **3.1.11** 在正常运行和短路时，电器引线的最大作用力应不大于电器端子允许的荷载。屋外配电装置的导体、套管、绝缘子和金具，应根据当地气象条件和不同受力状态进行力学计算。其安全系数应不小于表3.1.11的规定。

表 3.1.11　　　　　　　导体和绝缘子的安全系数

类　别	荷载长期作用时	荷载短时作用时
套管、支持绝缘子及其金具	2.5	1.67
悬式绝缘子[a]及其金具	4	2.5
软导体	4	2.5
硬导体[b]	2.0	1.67

a：悬式绝缘子的安全系数对应于1h机电试验荷载。
b：硬导体的安全系数对应于破坏应力，若对应于屈服点应力，其安全系数应分别改为1.6和1.4。

b) **4.1.1** 屋外配电装置的安全净距应不小于表4.1.1的规定，并应按图4.1.1-1、图4.1.1-2和图4.1.1-3校验。

当电气设备外绝缘体最低部位距地面小于2.5m时，应装设固定遮栏。

表 4.1.1　　　　　　　屋外配电装置的安全净距　　　　　单位：mm

符号	适应范围	图号	系统标称电压（kV）							
			3～10	15～20	35	66	110J	220J	330J	500J
A_1	带电部分至接地部分之间 网状遮栏向上延伸线距地2.5m处与遮栏上方带电部分之间	4.1.1-1 4.1.1-2	200	300	400	650	900	1800	2500	3800[c]
A_2	不同相的带电部分之间 断路器和隔离开关的断口两侧引线带电部分之间	4.1.1-1 4.1.1-3	200	300	400	650	1000	2000	2800	4300
B_1	设备运输时，其外廓至无遮栏带电部分之间 交叉的不同时停电检修的无遮栏带电部分之间 栅状遮栏至绝缘体和带电部分之间[a] 带电作业时带电部分至接地部分之间[b]	4.1.1-1 4.1.1-2 4.1.1-3	950	1050	1150	1400	1650[b]	2550[b]	3250[b]	4550[b]

续表

符号	适应范围	图号	系统标称电压（kV）							
			3～10	15～20	35	66	110J	220J	330J	500J
B_2	网状遮栏至带电部分之间	4.1.1-2	300	400	500	750	1000	1900	2600	3900
C	无遮栏裸导体至地面之间	4.1.1-2 4.1.1-3	2700	2800	2900	3100	3400	4300	5000	7500
	无遮栏裸导体至建筑物、构筑物顶部之间									
D	平行的不同时停电检修的无遮栏带电部分之间	4.1.1-1 4.1.1-2	2200	2300	2400	2600	2900	3800	4500	5800
	带电部分与建筑物、构筑物的边沿部分之间									

注1：110J、220J、330J、500J系指中性点直接接地电网。

注2：海拔超过 1000m 时，A 值应按附录 E 进行修正。

注3：本表所列各值不适用于制造厂的产品设计。

a：对于 220kV 及以上电压，可按绝缘体电位的实际分布，采用相应的 B_1 值进行校验。此时，允许栅状遮栏与绝缘体的距离小于 B_1 值，当无给定的分布电位时，可按线性分布计算。校验 500kV 相间通道的安全净距，亦可用此原则。

b：带电作业时，不同相或交叉的不同回路带电部分之间，其 B_1 值可取 A_2+750mm。

c：500kV 的 A_1 值，双分裂软导线至接地部分之间可取 3500mm。

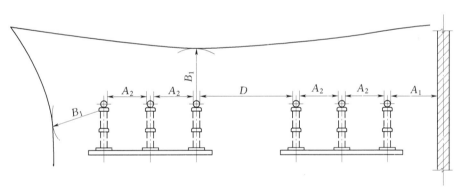

图 4.1.1-1 屋外 A_1、A_2、B_1、D 值校验图

图 4.1.1-2 屋外 A_1、B_1、B_2、C、D 值校验图

图 4.1.1-3　屋外 A_2、B_1、C 值校验图

c) **4.1.2** 屋外配电装置使用软导线时，在不同条件下，带电部分至接地部分和不同相带电部分之间的安全净距，应根据表 4.1.2 进行校验，并应采用其中最大数值。

表 4.1.2　　　　　　　　　　　**不同条件下的计算风速和安全净距**　　　　　　　单位：mm

条　件	校验条件	计算风速（m/s）	A 值	系统标称电压（kV）					
				35	66	110J	220J	330J	500J
雷电过电压	雷电过电压和风偏	10	A_1	400	650	900	1800	2400	3200
			A_2	400	650	1000	2000	2600	3600
操作过电压	操作过电压和风偏	最大设计风速的 50%	A_1	400	650	900	1800	2500	3500
			A_2	400	650	1000	2000	2800	4300
最高工作电压	最高工作电压、短路和 10m/s 风速时的风偏		A_1	150	300	300	600	1100	1600
	最高工作电压和最大设计风速时的风偏		A_2	150	300	500	900	1700	2400

注：在气象条件恶劣（如最大设计风速为 35m/s 及以上，以及雷暴时风速较大的地区），校验雷电过电压时的安全净距，其计算风速采用 15m/s。

d) **4.1.3** 屋内配电装置的安全净距不应小于表 4.1.3 的规定，并应按图 4.1.3-1 和图 4.1.3-2 校验。

当电气设备外绝缘体最低部位距地面小于 2.3m 时，应装设固定遮栏。

表 4.1.3　　　　　　　　　　　　屋内配电装置的安全净距　　　　　　　　　　　单位：mm

符号	适应范围	图号	系统标称电压（kV）								
			3	6	10	15	20	35	66	110J	220J
A_1	带电部分至接地部分之间	4.1.3-1	75	100	125	150	180	300	550	850	1800
	网状和板状遮栏向上延伸线距地2.3m处与遮栏上方带电部分之间										
A_2	不同相的带电部分之间	4.1.3-1	75	100	125	150	180	300	550	900	2000
	断路器和隔离开关的断口两侧引线带电部分之间										
B_1	栅状遮栏至带电部分之间	4.1.3-1 4.1.3-2	825	850	875	900	930	1050	1300	1600	2550
	交叉的不同时停电检修的无遮栏带电部分之间										
B_2	网状遮栏至带电部分之间[a]	4.1.3-1	175	200	225	250	280	400	650	950	1900
C	无遮栏裸导体至地（楼）面之间	4.1.3-1	2500	2500	2500	2500	2500	2600	2850	3150	4100
D	平行的不同时停电检修的无遮栏裸导体之间	4.1.3-1	1875	1900	1925	1950	1980	2100	2350	2650	3600
E	通向屋外的出线套管至屋外通道的路面[b]	4.1.3-2	4000	4000	4000	4000	4000	4000	4500	5000	5500

注1：110J、220J系指中性点有效接地电网。

注2：海拔超过1000m时，A值应按附录E进行修正。

注3：本表所列各值不适用于制造厂的产品设计。

a：当为板状遮栏时，其B_2值可取A_1+30mm。

b：通向屋外配电装置的出线套管至屋外地面的距离，不应小于表4.1.1中所列屋外部分之C值。

图 4.1.3-1　屋内 A_1、A_2、B_1、B_2、C、D 值校验图

图 4.1.3-2　屋内 B_1、E 值校验图

e)　**4.1.4**　配电装置中相邻带电部分的系统标称电压不同时，应按较高的系统标称电压确定其安全净距。

f)　**4.3.5**　屋内外配电装置均应装设安全操作的闭锁装置及联锁装置。

g)　**4.4.8**　厂区外的屋外配电装置场地四周应设置 2200～2500mm 高的实体围墙；厂区内的屋外配电装置周围应设置围栏，高度应不小于 1500mm。

h)　**7.0.1**　配电装置室的建筑，符合下列要求：

1　长度大于 7m 的配电装置室，应有两个出口，并宜布置在配电装置室的两端；长度大于 60m 时，宜增添一个出口；当配电装置室有楼层时，一个出口可设在通往屋外楼梯的平台处。

3　配电装置室应设防火门，并应向外开启，防火门应装弹簧锁，严禁用门闩。相邻配电装置室之间如有门时，应能双向开启。

5-1-4　《水利水电工程厂（站）用电系统设计规范》SL 485—2010

a)　**3.1.5**　有泄洪要求的大坝闸门启闭机应有 2 个电源。

b)　**3.1.6**　对特别重要的大中型水力发电厂、泵站、泄洪设施等，如有可能失去厂（站）用电电源，影响大坝安全度汛或可能水淹厂房而危及人身设置安全时，应设置能自动快速启动的柴油发电机组或其他应急电源，其容量应满足泄洪设施、渗漏排水等可能出现的最大负荷的需要。

5－1－5 《水利水电工程机电设计技术规范》SL 511—2011

a) **3.6.10** 屋内外配电装置均应装设安全操作的闭锁装置及联锁装置。

b) **3.7.5** 有泄洪要求的大坝闸门启闭机应有 2 个电源。

c) **3.7.6** 对特别重要的大中型水电厂、泵站和泄洪设施等，如有可能失去厂（站）用电电源，影响大坝安全度汛或可能水淹厂房而危及人身设备安全时，应设置能自动快速启动的柴油发电机组或其他应急电源，其容量应满足泄洪设施、渗漏排水等可能出现的最大负荷的需要。

d) **3.10.6** 各场所照明电压的选择应符合下列规定：

3 对照明器具安装高度低于 2.4m 的场所，如水轮机（水泵）室、发电机（电动机）风洞和廊道等，应设有防止触电的安全措施或采用 24V 及以下安全特低电压。

4 检修用携带式作业灯应采用 24V 及以下安全特低电压供电。

e) **3.11.8** 电缆隧道每隔 60m 处、电缆沟道每隔 200m 处和电缆室每隔 300m² ，均宜设一个防火分隔物。防火分隔物应采用耐火极限不低于 1.0h 的非燃烧材料。防火分隔物两侧各 1m 的电缆区段上，应采取防止串火措施。防火分隔物上设的门应为丙级防火门。

f) **3.11.9** 电缆竖（斜）井的上、下两端可用防火网封堵，竖（斜）井中间每隔 60m 应设一个封堵屋（分隔物），进出竖（斜）井电缆的孔口应采用耐火极限不低于 1.0h 的非燃烧材料封堵。

g) **3.11.10** 电缆穿越楼板、隔墙的孔洞和进出开关柜、配电盘、控制盘、自动装置盘、继电保护盘等的孔洞，以及靠近充油电气设备的电缆沟盖板缝隙处，均应采用非燃烧材料封堵。

h) **6.4.7** 布置在地下或坝体内的主变压器室，应为一级耐火等级，并应设置独立的事故通风系统。防火隔墙应封闭到顶，并采用甲级防火门或防火卷帘，且不应直接开向主厂房或正对进厂交通道。地下主变压器廊道应设有 2 个安全出口。

i) **6.5.18** 厂区外的屋外配电装置场地四周应设置 2.2～2.5m 高的围墙；厂区内的屋外配电装置四周应设置围栏，其高度应不小于 1.5m。

j) **6.5.20** 屋外配电装置带电部分的上部或下部，不应有照明、通信和信号线路架空跨越或穿过；屋内配电装置裸露带电部分的上部不应有明敷的照明或动力线路跨越。

k) **6.5.21** 配电装置中相邻带电部分的额定电压不同时，应按高的额定电压确定其安全净距。

5－1－6 《水利水电工程导体和电器选择设计规范》SL 561—2012

a) **2.0.15** 户外配电装置的导体、套管、绝缘子和金具，应根据当地气象条件和不同受力状态进行力学计算。其安全系数不应小于表 2.0.15 的规定。

表 2.0.15　　　　　　　　　导体、套管、绝缘子和金具的安全系数

类　　别	荷载长期作用时	荷载短时作用时
套管、支持绝缘子及其金具	2.50	1.67
悬式绝缘子及其金具	5.30	3.30
软导体	4.00	2.50
硬导体	2.00	1.67

注 1：悬式绝缘子的安全系数系对应于额定机电破坏负荷。
注 2：硬导体的安全系数系对应于破坏应力，若对应于屈服点应力，其安全系数应分别改为 1.60 和 1.40。

5-2　金　属　结　构

5-2-1　《小型水力发电站设计规范》GB 50071—2014

a)　**5.5.53**　焊接成型的钢管应进行焊缝探伤检查和水压试验。试验压力值不应小于 1.25 倍正常工作情况最高内水压力，也不得小于特殊工况的最高内水压力。

b)　**8.1.4**　潜孔式闸门门后不能充分通气时，应在紧靠闸门下游孔口的顶部设置通气孔，其顶端应与启闭机室分开，并高出校核洪水位，孔口应设置防护设施。

5-2-2　《升船机设计规范》GB 51177—2016

a)　**4.3.14**　垂直升船机提升钢丝绳的安全系数按整绳最小破断拉力和额定荷载计算不得小于 8.0，平衡钢丝绳的安全系数按静荷载计算不得小于 7.0，钢丝强度等级不应大于 1960MPa。

b)　**6.5.16**　在锁定状态下安全机构螺杆与螺母柱的螺纹副必须可靠自锁。

c)　**6.7.5**　顶紧装置应符合下列规定：

　　3　顶紧装置应采用机械式自锁机械，不得采用液压油缸直接顶紧方案。顶紧机构及其液压控制回路必须设置自锁失效安全保护装置。

5-2-3　《水利水电工程启闭机设计规范》SL 41—2018

a)　**3.1.7**　启闭机选型应根据水利水电工程布置、门型、孔数、操作运行和时间要求等，经全面的技术经济论证后确定，启闭机选择应遵循下列规定：

　　2　具有防洪、排涝功能的工作闸门，应选用固定式启闭机，一门一机布置。

b)　**7.1.16**　液压启闭机必须设置行程限制器，工作原理应不同于行程检测装置，严禁采用溢流阀代替行程限制器。

c)　**9.2.2**　有泄洪要求的闸门启闭机应由双重电源供电，对重要的泄洪闸门启闭机还应设置能自动快速启动的柴油发电机组或其他应急电源。

5－2－4　《水利水电工程钢闸门设计规范》SL 74—2013

a)　**3.1.4**　具有防洪功能的泄水和水闸系统工作闸门的启闭机应设置备用电源。

b)　**3.1.9**　当潜孔式闸门门后不能充分通气时，则应在紧靠闸门下游的孔口顶部设置通气孔，其上端应与启闭机室分开，并应有防护设施。

5－2－5　《水电站压力钢管设计规范》SL 281—2003

a)　**6.1.4**　钢管抗外压稳定计算见附录 A、附录 B。安全系数不得小于下列各值：

1　明管：钢管管壁和加劲环为 2.0。

2　地下埋管和坝内埋管：光面管和锚筋加劲的钢管管壁为 2.0；用加劲环加劲的钢管管壁和加劲环为 1.8。

A.4　加劲环抗外压强度及稳定分析

A.4.1　加劲环的临界外压 P_{cr} 可按式（A.4.1-1）、式（A.4.1-2）计算并取小值：

$$P_{cr1} = \frac{3EJ_R}{R^3 l} \tag{A.4.1-1}$$

$$P_{cr2} = \frac{\sigma_s F_R}{rl} \tag{A.4.1-2}$$

式中　F_R——支承环或加劲环有效截面面积（包括管壁等效翼缘面积）（mm^2）；

$\quad\quad$ J_R——支承环或加劲环有效截面对重心轴的惯性矩（mm^4）；

$\quad\quad$ R——支承环或加劲环有效截面重心轴处的半径（mm）；

$\quad\quad$ l——加劲环间距（mm）。

B.2　抗外压稳定分析

B.2.1　光面管的临界外压可按式（B.2.1-1）～式（B.2.1-5）计算。

1　用经验公式（B.2.1-1）初步计算：

$$P_{cr} = 620 \left[\frac{t}{r_1}\right]^{1.7} \sigma_s^{0.25} \tag{B.2.1-1}$$

式中　P_{cr}——临界外压（N/mm^2）；

$\quad\quad$ σ_s——钢材屈服点（N/mm^2），按表 6.1.1 的注 1 取值。

2　用阿姆斯图兹公式计算：

$$\left[E'\frac{\Delta}{r_1} + \sigma_N\right]\left[1 + 12\left[\frac{r_1}{t}\right]^2 \frac{\sigma_N}{E'}\right]^{3/2} = 3.46 \frac{r_1}{t}(\sigma_{s0} - \sigma_N)\left[1 - 0.45\frac{r_1(\sigma_{s0} - \sigma_N)}{tE'}\right]$$

$$\tag{B.2.1-2}$$

$$E' = E/(1 - \mu^2)$$

$$P_{cr} = \frac{\sigma_N}{\dfrac{r_1}{t}\left[1 + 0.35\dfrac{r_1(\sigma_{s0} - \sigma_N)}{tE'}\right]} \qquad\text{(B. 2. 1 - 3)}$$

$$\sigma_{s0} = \frac{\sigma_s}{\sqrt{1 - \mu + \mu^2}} \qquad\text{(B. 2. 1 - 4)}$$

$$\Delta_p = \frac{qr_3}{1000K_{01}}\left(1 - \frac{M_d}{E_d}\right) \qquad\text{(B. 2. 1 - 5)}$$

式中 σ_N——管壁屈曲部分由外压引起的平均应力（N/mm²）；

$\quad\Delta$——缝隙，包括施工缝隙 Δ_0、钢管冷缩缝隙 Δ_s、围岩冷缩缝隙 Δ_R 及围岩塑性压缩缝隙 Δ_p，Δ_0、Δ_s、Δ_R 同内压应力分析见 B. 1. 1；

$\quad\Delta_p$——围岩塑性压缩缝隙；

$\quad q$——同覆盖岩层厚度的分析，见 B. 1. 3；

$\quad M_d$——围岩变形模量（N/mm²）；

$\quad E_d$——围岩弹性模量（N/mm²）。

当 $K_{01} = 0$ 时，Δ_p 公式已不适用，缝隙值 Δ 应在 $\Delta_0 + \Delta_s + \Delta_R$ 或 $\sigma_{01}r_1E'$ 两者间取大值。

σ_{01} 计算见式（B. 1. 3 - 5）。

阿姆斯图兹公式已制成图表，见图 B. 2. 1。

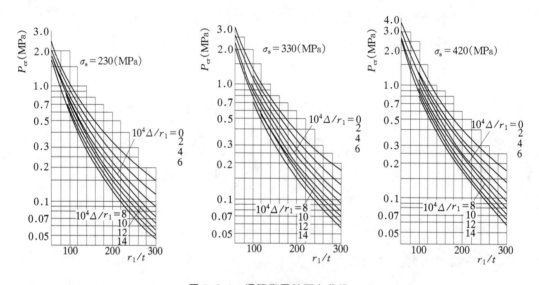

图 B. 2. 1 埋管临界外压力曲线
（阿姆斯图兹公式 1969，$\upsilon = 1$）

B. 2. 2 加劲环式钢管的临界外压计算。

1 加劲环间管壁的临界外压；

采用米赛斯（Miese）公式计算，见附录 A. 3. 2。

2 加劲环的临界外压：

$$P_{cr} = \frac{\sigma_s F}{r_1 l} \tag{B.2.2}$$

式中　F——加劲环有效截面积（包括管壁等效翼缘）（mm²），见图B.2.2。

图 B.2.2　加劲环处断面特性

3　加劲环的应力可采用锅炉公式计算。

b）　**10.1.1**　凡属于下列情况之一者应作安全监测：

1　1、2级压力钢管。

2　电站装机容量大于或等于100MW的压力钢管。

3　管径 $D \geqslant 4m$，或作用水头 $H \geqslant 100m$，或 $HD \geqslant 400m^2$ 的3级压力钢管。

4　采用新结构、新材料、新工艺、新设计理论和方法的压力钢管。

c）　**10.2.3**　首次安全检测应在钢管运行后5～10年内进行。以后每隔10～15年进行一次中期检测。钢管运行满40年，必须进行折旧期满安全检测，并确定钢管是否可以继续运行和必须采取的加固措施。

6 环境保护、水土保持和征地移民

6-1 环 境 保 护

6-1-1 《江河流域规划环境影响评价规范》SL 45—2006

a) **1.0.6** 流域规划环境影响评价作为流域规划的组成部分，应贯穿流域规划的全过程。流域规划环境影响评价工作深度应与规划的层次、详尽程度相一致。

6-1-2 《农田水利规划导则》SL 462—2012

a) **4.4.5** 在地下水超采区，地下水的开采量不应大于补给量；在受海水、咸水入侵的地区，应根据其危害程度限制或禁止开采地下水，并采取有效补源或其他防治措施；在大型地下水水源地，地下水的开采量应维持多年平均采补平衡。

6-1-3 《水利水电工程环境保护设计规范》SL 492—2011

a) **2.1.1** 根据初步设计阶段工程建设及运行方案，应复核工程生态基流、敏感生态需水及水功能区等方面的生态与环境需水，提出保障措施。

b) **2.1.4** 水库调度运行方案应满足河湖生态与环境需水下泄要求，明确下泄生态与环境需水的时期及相应流量等。

c) **3.3.1** 水生生物保护应对珍稀、濒危、特有和具有重要经济、科学研究价值的野生水生动植物及其栖息地，鱼类产卵场、索饵场、越冬场，以及洄游性水生生物及其洄游通道等重点保护。

6-1-4 《环境影响评价技术导则 水利水电工程》HJ/T 88—2003

a) **6.2.1** 水环境保护措施

　　a. 应根据水功能区划、水环境功能区划，提出防止水污染，治理污染源的措施。

　　b. 工程造成水环境容量减小，并对社会经济有显著不利影响，应提出减免和补偿措施。

　　c. 下泄水温影响下游农业生产和鱼类繁殖、生长，应提出水温恢复措施。

b) **6.2.2** 大气污染防治措施：应对生产、生活设施和运输车辆等排放废气、粉尘、扬尘提出控制要求和净化措施；制定环境空气监测计划、管理办法。

c) **6.2.3** 环境噪声控制措施：施工现场建筑材料的开采、土石方开挖、施工附属企业、机械、交通运输车辆等释放的噪声应提出控制噪声要求；对生活区、办公区布局提出调整意见；对敏感点采取设立声屏障、隔音减噪等措施；制定噪声监控计划。

d) **6.2.4** 施工固体废物处理处置措施：应包括施工产生的生活垃圾、建筑垃圾、生产废料处理处置等。

e) **6.2.5** 生态保护措施

a. 珍稀、濒危植物或其他有保护价值的植物受到不利影响，应提出工程防护、移栽、引种繁殖栽培、种质库保存和管理等措施。工程施工损坏植被，应提出植被恢复与绿化措施。

b. 珍稀、濒危陆生动物和有保护价值的陆生动物的栖息地受到破坏或生境条件改变，应提出预留迁徙通道或建立新栖息地等保护及管理措施。

c. 珍稀、濒危水生生物和有保护价值的水生生物的种群、数量、栖息地、洄游通道受到不利影响，应提出栖息地保护、过鱼设施、人工繁殖放流、设立保护区等保护与管理措施。

f) **6.2.6** 土壤环境保护措施

a. 工程引起土壤潜育化、沼泽化、盐渍化、土地沙化，应提出工程、生物和监测管理措施。

b. 清淤底泥对土壤造成污染，应采取工程、生物、监测与管理措施。

g) **6.2.7** 人群健康保护措施应包括卫生清理、疾病预防、治疗、检疫、疫情控制与管理，病媒体的杀灭及其孳生地的改造，饮用水源地的防护与监测，生活垃圾及粪便的处置，医疗保健、卫生防疫机构的健全与完善等。

h) **6.2.10** 工程对取水设施等造成不利影响，应提出补偿、防护措施。

6-2　水　土　保　持

6-2-1 《开发建设项目水土保持技术规范》GB 50433—2018

a) **3.2.3** 严禁在崩塌和滑坡危险区、泥石流易发区内设置取土（石、砂）场。

b) **3.2.5** 严禁在对公共设施、基础设施、工业企业、居民点等有重大影响的区域设置弃土（石、渣、灰、矸石、尾矿）场。

6-2-2 《水土保持工程设计规范》GB 51018—2014

a) **7.1.5** 淤地坝放水建筑物应满足 7 天放完库内滞留洪水的要求。

b) **12.2.2** 弃渣场选址应符合下列规定：

2 严禁在对重要基础设施、人民群众生命财产安全及行洪安全有重大影响的区域布设弃渣场。

6-2-3 《水土保持治沟骨干工程技术规范》SL 289—2003

a) **5.2.2** 坝体在汛前必须达到20年一遇洪水重现期防洪度汛高程,否则应采取抢修度汛小断面等措施。

b) **7.4.2** 骨干坝在设计水位情况下,必须确保安全运用。对超标准洪水应制定安全运用对策,保护工程安全,将损失降低到最低程度。当建筑物出现严重险情或设备发生故障时,必须尽快泄空库内蓄水,进行检查抢修。对病险坝库,必须空库运用。

6-2-4 《水坠坝技术规范》SL 302—2004

a) **5.1.1** 应清除坝基范围内的草皮、树根、含有植物的表土、乱石以及各种建筑物,将其运到指定地点堆放,并采取防护措施。

b) **8.1.2** 坝体填筑应在坝基处理及隐蔽工程验收合格后方可进行。

c) **8.5.3** 非均质坝应采用全河床的全断面冲填,不应采用先填一岸的分段冲填方式。

6-2-5 《水利水电工程水土保持技术规范》SL 575—2012

a) **4.1.1** 水利水电工程水土流失防治应遵循下列规定:

1 应控制和减少对原地貌、地表植被、水系的扰动和损毁,减少占用水土资源,注重提高资源利用效率。

2 对于原地表植被、表土有特殊保护要求的区域,应结合项目区实际剥离表层土、移植植物以备后期恢复利用,并根据需要采取相应防护措施。

3 主体工程开挖土石方应优先考虑综合利用,减少借方和弃渣。弃渣应设置专门场地予以堆放和处置,并采取挡护措施。

4 在符合功能要求且不影响工程安全的前提下,水利水电工程边坡防护应采用生态型防护措施;具备条件的砌石、混凝土等护坡及稳定岩质边坡,应采取覆绿或恢复植被措施。

5 水利水电工程有关植物措施设计应纳入水土保持设计。

6 弃渣场防护措施设计应在保证渣体稳定的基础上进行。

b) **4.1.5** 弃渣场选址应遵循GB 50433—2008第3.2.3条的规定,并应符合下列规定:

2 严禁在对重要基础设施、人民群众生命财产安全及行洪安全有重大影响的区域布设弃渣场。弃渣场不应影响河流、沟谷的行洪安全;弃渣不应影响水库大坝、水利工程取用水建筑物、泄水建筑物、灌(排)干渠(沟)功能,不应影响工矿企业、居民区、交通干线或其他重要基础设施的安全。

c) **4.1.11** 工程施工除满足GB 50433—2008第3.2.5条有关规定外,尚应符合下列规定:

2 风沙区、高原荒漠等生态脆弱区及草原区应划定施工作业带,严禁越界施工。

d) **4.2.1** 水库枢纽工程应符合下列规定:

4 对于高山峡谷等施工布置困难区域，经技术经济论证后可在库区内设置弃渣场，但应不影响水库设计使用功能。施工期间库区弃渣场应采取必要的拦挡、排水等措施，确保施工导流期间不影响河道行洪安全。

e) **6.1.2** 特殊区域的评价应符合下列规定：

1 国家和省级重要水源地保护区、国家级和省级水土流失重点预防区、重要生态功能（水源涵养、生物多样性保护、防风固沙）区，应以最大限度减少地面扰动和植被破坏、维护水土保持主导功能为准则，重点分析因工程建设造成植被不可逆性破坏和产生严重水土流失危害的区域，提出水土保持制约性要求及对主体工程布置的修改意见。

2 涉及国家级和省级的自然保护区、风景名胜区、地质公园、文化遗产保护区、文物保护区的，应结合环境保护专业分析评价结论按前款规定进行评价，并以最大限度保护生态环境和原地貌为准则。

3 泥石流和滑坡易发区，应在必要的调查基础上，对泥石流和滑坡潜在危害进行分析评价，并将其作为弃渣场、料场选址评价的重要依据。

f) **6.4.1** 水库枢纽工程评价重点应符合下列规定：

4 生态脆弱区高山峡谷地带的枢纽施工道路布置，应对地表土壤与植被破坏及其恢复的可能性进行分析，可能产生较大危害和造成植被不可逆性破坏的，应增加桥隧比例。

g) **10.5.2** 弃渣场抗滑稳定计算应分为正常运用工况和非常运用工况：

1 正常运用工况：弃渣场在正常和持久的条件下运用，弃渣场处在最终弃渣状态时，渣体无渗流或稳定渗流。

2 非常运用工况：弃渣场在正常工况下遭遇Ⅶ度以上（含Ⅶ度）地震。

6-3 征 地 移 民

6-3-1 《水利水电工程建设征地移民安置规划设计规范》SL 290—2009

a) **2.2.2** 水库设计洪水回水计算及回水末端处理应按以下规定执行。

1 水库设计洪水回水水面线，应考虑水库运行方式，按照坝前起调水位和入库流量，计算回水水位。回水水面线应以坝址以上天然洪水与建库后设计采用的同一频率的分期（汛期和非汛期）洪水回水位组成的外包线的沿程回水高程确定。

2 水库回水尖灭点，应以回水水面线不高于同频率天然洪水水面线0.3m范围内的断面确定；水库淹没处理终点位置，一般可采取尖灭点水位水平延伸至天然河道多年平均流量的相应水面线相交处确定。

3 水库设计洪水回水位的确定，应根据河流泥沙特性、水库运行方式、上游有无调节水库以及受淹对象的重要程度，考虑10～30年的泥沙淤积影响。

b) **2.2.3** 设计洪水标准应根据以下原则确定：

1 淹没对象的设计洪水标准，应根据淹没对象的重要性、水库调节性能及运用方式，在安全、经济和考虑其原有防洪标准的原则下，在表 2.2.3 所列设计洪水标准范围内分析选择。选取其他标准应进行专门分析论证，并阐明其经济合理性。

2 表 2.2.3 中未列的铁路、公路、输变电、电信、水利设施及文物古迹等淹没对象，其设计洪水标准按照《防洪标准》（GB 50201）和相关技术标准的规定确定。

表 2.2.3　　　　　　　　不同淹没对象设计洪水标准表

淹　没　对　象	洪水标准（频率，%）	重现期（年）
耕地、园地	50～20	2～5
林地、草地	正常蓄水位	—
农村居民点、集镇、一般城镇和一般工矿区	10～5	10～20
中等城市、中等工矿区	5～2	20～50
重要城市、重要工矿区	2～1	50～100

c) 2.5.8 移民居民点设计应符合以下要求：

3 移民居民点新址应布设在居民迁移线以上并避开浸没、滑坡、坍岸等不良地质地段。防洪高水位设置在正常蓄水位以上的水库，移民居民点新址一般应设在防洪高水位以上。

6 集中安置的农村居民点应当进行水文地质与工程地质勘察，进行场地稳定性及建筑适宜性评价，并依法做好地质灾害危险性评估。

d) 2.6.3 迁建新址的选择应符合以下要求：

1 城（集）镇新址，应选择在地理位置适宜、地形相对平坦、地质稳定、水源安全可靠、交通方便、防洪安全、便于排水、能发挥服务功能的地点。选择新址，还应与当地城镇体系规划相协调，并为远期发展留有余地。

2 城（集）镇选址应进行水文地质和工程地质勘察，进行场地稳定性及建筑适宜性评价，并进行地质灾害危险性评估。

e) 2.9.1 在水库临时淹没、浅水淹没或影响区，如有重要对象，具备防护条件，且技术可行、经济合理，应采取防护措施。

f) 2.9.2 防护工程设计标准应按以下原则确定：

4 防浸没（渍）标准应根据水文地质条件、水库运用方式和防护对象的耐浸能力，综合分析确定不同防护对象容许的地下水位临界深度值。

5 排涝工程的内外设计水位应根据防护对象的除涝防渍要求、主要防护对象的高程分布和水库调度运用资料，综合分析，合理确定。

g) 2.11.5 建（构）筑物拆除与清理应符合以下要求：

1 清理范围内的各种建筑物、构筑物应拆除，并推倒摊平，对易漂浮的废旧材料按有关要求进行处理。

2　清理范围内的各种基础设施，凡妨碍水库运行安全和开发利用的应拆除，设备和旧料应运至库区以外。残留的较大障碍物要炸除，其残留高度不宜超过地面0.5m。对确难清除的较大障碍物，应设置蓄水后可见的明显标志，并在水库区地形图上注明其位置与标高。

3　水库消落区的地下建（构）筑物，应结合水库区地质情况和水库水域利用要求，采取填塞、封堵、覆盖或其他措施进行处理。

h）　**2.11.6**　卫生清理应符合以下要求：

1　卫生清理工作应在建（构）筑物拆除之前进行。

2　卫生清理应在地方卫生防疫部门的指导下进行。

3　库区内的污染源及污染物应进行卫生清除、消毒。如厕所、粪坑（池）、畜厩、垃圾等均应进行卫生防疫清理，将其污物尽量运至库区以外，或薄铺于地面曝晒消毒，对其坑穴应进行消毒处理，污水坑以净土填塞；对无法运至库区以外的污物、垃圾等，则应在消毒后就地填埋，然后覆盖净土，净土厚度应在1m以上且应夯实。

4　库区内的工业企业积存的废水，应按规定方式排放。有毒固体废弃物按环境保护要求处理。

5　库区内具有严重放射性、生物性或传染性的污染源，应委托有资质的专业部门予以清理。

6　库区内经营、储存农药、化肥的仓库、油库等的污染源，应按环境保护要求处理。

7　对埋葬15年以内的坟墓，应迁出库区；对埋葬15年以上的坟墓，是否迁移，可按当地民政部门规定，并尊重当地习俗处理；对无主坟墓压实处理。凡埋葬结核、麻风、破伤风等传染病死亡者的坟墓和炭疽病、布鲁氏菌病等病死牲畜的掩埋场地，应按卫生防疫的要求，由专业人员或经过专门技术培训的人员进行处理。

8　有钉螺存在的库区周边，在水深不到1.5m的范围内，在当地血防部门指导下，提出专门处理方案。

9　清理范围内有鼠害存在的区域，应按卫生防疫的要求，提出处理方案。

i）　**2.11.7**　林木砍伐与迹地清理应符合以下要求：

1　林地及零星树木应砍伐并清理，残留树桩不得高出地面0.3m。

2　林地砍伐残余的枝桠、枯木、灌木林（丛）等易漂浮的物质，在水库蓄水前，应就地处理或采取防漂措施。

3　农作物秸秆及泥炭等其他各种易漂浮物，在水库蓄水前，应就地处理或采取防漂措施。

6-3-2　《水利水电工程水库库底清理设计规范》SL 644—2014

a）　**6.3.3**　对确难清除且危及水库安全运行的较大障碍物，应设置明显标志，并在地形图上注明其位置与标高。

b）　**9.4.2**　有炭疽尸体埋葬的地方，清理后表土不应检出具有毒力的炭疽芽孢杆菌。

c)　**9.4.3**　灭鼠后鼠密度不应超过 1%。

d)　**9.4.4**　传染性污染源应按 100% 检测，其他污染源按 3%～5% 检测。

e)　**10.2.3**　市政污水处理设施（包括沼气池、废弃的污水管道、沟渠等）中积存的污泥应予以清理。

f)　**10.2.5**　下列危险废物应予以清理：

1　医疗卫生机构、医药商店、化验（实验）室等产生的列入《医疗废物分类目录》（卫医发〔2003〕287 号）的各种医疗废物。

2　电镀污泥、废酸、废碱、废矿物油等以及列入《国家危险废物名录》（环境保护部、国家发展改革委令第 1 号）的各种废物及其包装物。

3　根据 GB 5085 检测被确认具有危险特性的废物及其包装物。

4　化工、化肥、农药、染料、油漆、石油以及电镀、金属表面处理等废弃的生产设备、工具、原材料和产品包装物以及废弃的原材料和药剂。

5　农药销售商店、摊点和储存点积存、散落和遗落的废弃农药及其包装物。

g)　**10.2.6**　废放射源及含放射性同位素的固体废物应予以清理。

h)　**10.2.7**　危险废物以及磷石膏等工业固体废物清理后的原址中的土壤，如果其浸出液中一种或一种以上的有害成分浓度大于或等于表 10.2.4 中所列指标，应予以清理。

表 10.2.4　　　　水库库底工业固体废物与污染土壤处理鉴别标准

序号	项　目	浸出液浓度（mg/L）	序号	项　目	浸出液浓度（mg/L）
1	化学需氧量（COD）	60	10	烷基汞	不应检出
2	氨氮	15	11	总镉	0.1
3	总磷（以 P 计）	0.5	12	总铬	1.5
4	石油类	10	13	六价铬	0.5
5	挥发酚	0.5	14	总砷	0.5
6	总氰化合物	0.5	15	总铅	1.0
7	氟化物	10	16	总镍	1.0
8	有机磷农药（以 P 计）	不应检出	17	总锰	2.0
9	总汞	0.05			

第二篇

水 利 工 程 施 工

7　土　石　方　工　程

7-1　开　　挖

7-1-1　《水工建筑物岩石基础开挖工程施工技术规范》SL 47—94

a)　**1.0.8**　严禁在设计建基面、设计边坡附近采用洞室爆破法或药壶爆破法施工。

b)　**2.1.2**　未经安全技术论证和主管部门批准，严禁采用自下而上的开挖方式。

7-1-2　《水工建筑物地下开挖工程施工规范》SL 378—2007

a)　**5.2.2**　地下洞室洞口削坡应自上而下分层进行，严禁上下垂直作业。进洞前，应做好开挖及其影响范围内的危石清理和坡顶排水，按设计要求进行边坡加固。

b)　**5.5.5**　当特大断面洞室设有拱座，采用先拱后墙法开挖时，应注意保护和加固拱座岩体。拱脚下部的岩体开挖，应符合下列条件：

　　1　拱脚下部开挖面至拱脚线最低点的距离不应小于1.5m。

　　2　顶拱混凝土衬砌强度不应低于设计强度的75%。

c)　**11.2.8**　对存在有害气体、高温等作业区，必须做专项通风设计，并设置监测装置。

d)　**12.3.7**　洞内供电线路的布设应符合下列规定：

　　3　电力起爆主线应与照明及动力线分两侧架设。

e)　**12.4.5**　洞内电、气焊作业区，应设有防火设施和消防设备。

f)　**13.2.6**　当相向开挖的两个工作面相距小于30m或5倍洞径距离爆破时，双方人员均应撤离工作面；相距15m时，应停止一方工作，单向开挖贯通。

g)　**13.2.7**　竖井或斜井单向自下而上开挖，距贯通面5m时，应自上而下贯通。

h)　**13.2.10**　采用电力起爆方法，装炮时距工作面30m以内应断开电源，可在30m以外用投光灯或矿灯照明。

7-2　锚　固　与　支　护

7-2-1　《水工预应力锚固施工规范》SL 46—94

a)　**8.3.2**　张拉操作人员未经考核不得上岗；张拉时必须按规定的操作程序进行，严禁违章操作。

7-2-2　《水利水电工程锚喷支护技术规范》SL 377—2007

a)　**9.1.17**　竖井或斜井中的锚喷支护作业应遵守下列安全规定：

1　井口应设置防止杂物落入井中的措施。

2　采用溜筒运送喷射混凝土混合料时，井口溜筒喇叭口周围应封闭严密。

7-3　疏浚与吹填

7-3-1　《疏浚与吹填工程技术规范》SL 17—2014

a)　**5.7.6**　对施工作业区存在安全隐患的地方应设置必要的安全护栏和警示标志。

b)　**5.7.7**　应制定冲洗带油甲板的环保防护措施及发生油污泄露事故的急救预案。

c)　**5.7.9**　施工船舶应符合下列安全要求：

1　施工船舶必须具有海事、船检部门核发的各类有效证书。

2　施工船舶应按海事部门确定的安全要求，设置必要的安全作业区或警戒区，并设置符合有关规定的标志，以及在明显处昼夜显示规定的号灯、号型。

3　施工船舶严禁超载航行。

4　施工船舶在汛期施工时，应制定汛期施工和安全度汛措施；在严寒封冻地区施工时，应制定船体及排泥管线防冰冻、防冰凌及防滑等冬季施工安全措施。

5　挖泥船的安全工作条件应根据船舶使用说明书和设备状况确定，在缺乏资料时应按表5.7.9的规定执行。当实际工作条件大于表5.7.9中所列数值之一时，应停止施工。

表5.7.9　　　　　　　挖泥船对自然影响的适应情况表

船舶类型		风（级）		浪高（m）	纵向流速（m/s）	雾（雪）（级）
		内河	沿海			
绞吸式	>500m³/h	6	5	0.6	1.6	2
	200～500m³/h	5	4	0.4	1.5	2
	<200m³/h	5	不适合	0.4	1.2	2
链斗式	750m³/h	6	6	1.0	2.5	2
	<750m³/h	5	不适合	0.8	1.8	2
铲斗式	斗容>4m³	6	5	0.6	2.0	2
	斗容≤4m³	6	5	0.6	1.5	2
抓斗式	斗容>4m³	6	5	0.6～1.0	2.0	2
	斗容≤4m³	5	5	0.4～0.8	1.5	2
拖轮拖带泥驳	>294kW	6	5～6	0.8	1.5	3
	≤294kW	6	不适合	0.8	1.3	3

d)　**5.7.13**　严禁将各类垃圾和油水混合物直接排入江、河、湖、库中。

8 混 凝 土 工 程

8-0-1 《水工建筑物滑动模板施工技术规范》SL 32—2014

a) **3.3.4** 对首次采用的树种,应先进行试验,达到要求后方可使用。

b) **5.2.3** 人员进出滑模的通道应安全可靠。

c) **6.3.3** 千斤顶和支承杆的最少数量,应符合下列规定:

1 计算提升力时取 6.2.2 条中 1 款、2 款、3 款之和或 1 款、2 款、6 款之和的大值。

2 千斤顶、支承杆的允许承载力及其最少数量计算方法应符合 6.2.3 条的规定。

d) **6.4.2** 混凝土面板堆石坝面板滑模设计应符合下列规定:

6 混凝土面板堆石坝滑动模板应具有制动保险装置;采用卷扬机牵引时,卷扬机应设置安全可靠的地锚。

e) **7.1.4** 所有滑模安装都应符合下列规定:

4 当滑模安装高度达到或超过 2.0m 时,对安装人员必须采取高空作业保护措施。

f) **7.4.9** 陡坡上的滑模施工,应具有保证安全的措施。当牵引机具为卷扬机时,卷扬机应设置安全可靠的地锚;对滑模应设置除牵引钢丝绳以外的防止其自由下滑的保险器具。

g) **8.0.5** 每滑升 1~3m,应对建筑物的轴线、尺寸、形状、位置及标高进行测量检查,并做好记录(施工记录表格见附录 D)。

h) **9.1.3** 在滑模施工中应及时掌握当地气象情况,遇到雷雨、六级和六级以上大风时,露天的滑模应停止施工,采取停滑措施。全部人员撤离后,应立即切断通向操作平台的供电电源。

i) **9.2.2** 在施工的建(构)筑物周围应划出施工危险警戒区,警戒线至建(构)筑物外边线的距离应不小于施工对象高度的 1/10,且不小于 10m。警戒线应设置围栏和明显的警戒标志,施工区出入口应设专人看守。

j) **9.2.3** 危险警戒区内的建筑物出入口、地面通道及机械操作场所,应搭设高度不小于 2.5m 的安全防护棚。

k) **9.2.4** 当滑模施工进行立体交叉作业时,在上、下工作面之间应搭设安全隔离棚。

l) **9.4.2** 施工升降机应有可靠的安全保护装置,运输人员的提升设备的钢丝绳的安全系数不应小于12，同时，应设置两套互相独立的防坠落保护装置，形成并联的保险。极限开关也应设置两套。

m） **9.5.2** 滑模施工现场的场地和操作平台上应分别设置配电装置。附着在操作平台上的垂直运输设备应有上下两套紧急断电装置。总开关和集中控制开关应有明显标志。

n） **9.7.1** 露天施工，滑模应有可靠的防雷接地装置，防雷接地应单独设置，不应与保护接地混合。

8－0－2 《水工碾压混凝土施工规范》SL 53—94

a） **1.0.3** 施工前应通过现场碾压试验验证碾压混凝土配合比的适应性，并确定其施工工艺参数。

b） **4.5.5** 每层碾压作业结束后，应及时按网格布点检测混凝土的压实容重。所测容重低于规定指标时，应立即重复检测，并查找原因，采取处理措施。

c） **4.5.6** 连续上升铺筑的碾压混凝土，层间允许间隔时间（系指下层混凝土拌和物拌和加水时起到上层混凝土碾压完毕为止），应控制在混凝土初凝时间以内。

d） **4.7.1** 施工缝及冷缝必须进行层面处理，处理合格后方能继续施工。

8－0－3 《水工混凝土施工规范》SL 677—2014

a） **3.6.1** 拆除模板的期限，应遵守下列规定：

1 不承重的侧面模板，混凝土强度达到 2.5MPa 以上，保证其表面及棱角不因拆模而损坏时，方可拆除。

2 钢筋混凝土结构的承重模板，混凝土达到下列强度后（按混凝土设计强度标准值的百分率计），方可拆除。

1) 悬臂板、梁：跨度 $l \leqslant 2m$，75%；跨度 $l > 2m$，100%。

2) 其他梁、板、拱：跨度 $l \leqslant 2m$，50%；$2m < $ 跨度 $l \leqslant 8m$，75%；跨度 $l > 8m$，100%。

b） **10.4.6** 各种预埋铁件应待混凝土达到设计要求的强度，并经安全验收合格后，方可启用。

9 灌 浆 工 程

9-0-1 《水工建筑物水泥灌浆施工技术规范》SL 62—2014

a) **8.1.1** 接缝灌浆应在库水位低于灌区底部高程的条件下进行。蓄水前应完成蓄水初期最低库水位以下各灌区的接缝灌浆及其验收工作。

第三篇

劳动安全与卫生

10 劳 动 安 全

10-0-1 《灌溉与排水工程设计标准》GB 50288—2018

a) **20.4.2** 1级~4级渠（沟）道和渠道设计水深大于1.5m的5级渠道跌水、倒虹吸、渡槽、隧洞等主要建筑物进、出口及穿越人口聚居区应设置安全警示牌、防护栏杆等防护设施。

b) **20.4.3** 设置踏步或人行道的渡槽、水闸等建筑物应设防护栏杆，建筑物进人孔、闸孔、检修井等位置应设安全井盖。

10-0-2 《水利水电工程劳动安全与工业卫生设计规范》GB 50706—2011

a) **4.2.2** 采用开敞式高压配电装置的独立开关站，其场地四周应设置高度不低于2.2m的围墙。

b) **4.5.7** 机械排水系统的排水管管口高程低于下游校核洪水位时，必须在排水管道上装设逆止阀。

c) **4.2.6** 地网分期建成的工程，应校核分期投产接地装置的接触电位差和跨步电位差，其数值应满足人身安全的要求。

d) **4.2.9** 在中性点直接接地的低压电力网中，零线应在电源处接地。

e) **4.2.11** 安全电压供电电路中的电源变压器，严禁采用自耦变压器。

f) **4.2.13** 独立避雷针、装有避雷针或避雷线的构架，以及装有避雷针的照明灯塔上的照明灯电源线，均应采用直接埋入地下的带金属外皮的电缆或穿入埋地金属管的绝缘导线，且埋入地中长度不应小于10m。装有避雷针（线）的构架物上，严禁架设通信线、广播线和低压线。

g) **4.2.16** 易发生爆炸、火灾造成人身伤亡的场所应装设应急照明。

h) **4.5.8** 防洪防淹设施应设置不少于2个的独立电源供电，且任意一电源均应能满足工作负荷的要求。

10-0-3 《小型水电站施工安全标准》GB 51304—2018

a) **2.1.9** 危险作业场所、易燃易爆有毒危险品存放场所、库房、变配电场所以及禁止烟火场所等应设置相应的禁止、指示、警示标志。

b) **2.5.1** 爆破、高边坡、隧洞、水上（下）、高处、多层交叉施工、大件运输、大型施工设备安装及拆除等危险作业应有专项安全技术措施，并应设专人进行安全监护。

c) 2.5.2 高处作业的安全防护应符合下列规定：

1 高处作业前，应检查排架、脚手板、通道、马道、梯子等设施符合安全要求方可作业。高处作业使用的脚手架平台应铺设固定脚手板，临空边缘应设高度不低于1.2m的防护栏杆。

4 高处临边、临空作业应设置安全网，安全网距工作面的最大高度不应超过3.0m，水平投影宽度不应小于2.0m。安全网应挂设牢固，随工作面升高而升高。

8 高处作业时，应对下方易燃、易爆物品进行清理和采取相应措施后，方可进行电焊、气焊等动火作业，并应配备消防器材和专人监护。

d) 2.5.3 施工现场的井、洞、坑、沟、口等危险处应设置明显的警示标志，并应采取加盖板或设置围栏等防护措施。

e) 3.3.4 当砂石料料堆起拱堵塞时，严禁人员直接站在料堆上进行处理。应根据料物粒径、堆料体积、堵塞原因采取相应措施进行处理。

f) 3.3.9 设备检修时应切断电源，在电源启动柜或设备配电室悬挂"有人检修，禁止合闸"的警示标志。

g) 3.3.10 在破碎机腔内检查时，应有人在机外监护，并且保证设备的安全锁机构处于锁定位置。

h) 3.4.2 混凝土拌和应符合下列规定：

4 搅拌机运行中，不应使用工具伸入滚筒内掏挖。需要人工清理时，应先停机。需要进入搅拌筒内工作时，筒外应有人监护。

i) 3.6.1 闸门安装应符合下列规定：

8 底水封（或防撞装置）安装时，门体应处于全关（或全开）状态，启闭机应挂停机牌，并应派专人值守，严禁启动。

j) 3.6.13 检查机组内部不应少于3人，并应配带手电筒，进入钢管、蜗壳和发电机风洞内部时，必须留1人在进入口处守候。

k) 3.7.5 进行电气试验时，应符合下列规定：

3 耐电压试验时，应有专人指挥，升压操作应有监护人监护。操作人员应穿绝缘鞋。现场应设临时围栏，挂警示标志，并应派专人警戒。

l) 3.7.7 导叶进行动作试验时，应事先通告相关人员，确保通讯通畅可靠，在进入水轮机室、蜗壳处悬挂警示标志，并有专人监护，严禁靠近导叶。

10-0-4 《农田排水工程技术规范》SL 4—2013

a) 4.2.2 明沟工程可采用机械开挖或人工开挖，并应遵守下列规定：

3 挖掘机等机械在电力架空线下作业时应保持规定的安全距离或采取安全措施。

10-0-5 《水工建筑物滑动模板施工技术规范》SL 32—2014

a) 9.3.2 操作平台及悬挂脚手架上的铺板应严密、平整、固定可靠并防滑；操作平台上的孔洞应设盖板或防护栏杆，操作平台上孔洞盖板的打开与关闭应是可控和可靠的。

b） **9.3.3** 操作平台及悬挂脚手架边缘应设防护栏杆，其高度应不小于 120cm，横挡间距应不大于 35cm，底部应设高度不小于 30cm 的挡板且应封闭密实。在防护栏杆外侧应挂安全网封闭。

c） **9.4.5** 人货两用的施工升降机在使用时，严禁人货混装。

d） **9.10.5** 拆除滑模时，应采取防止操作人员坠落的措施，对空心筒类构筑物，应在顶端设置安全行走平台。

10－0－6 《水利水电工程坑探规程》SL 166—2010

a） **6.4.3** 爆破材料使用应符合下列规定：

1 导火线外表有折伤、扭破、粗细不均，燃烧速度超过标准速度 5s/m，耐水时间低于 2h 及受潮、变质，不应使用。

2 电雷管脚线断损、绝缘、接触不良，康铜丝电桥大于 0.3Ω、镍铬丝电桥大于 0.8Ω 及受潮、变质，不应使用。

3 炸药受潮变质、低温冻结变硬、高温分解渗油、不应使用。

4 1 号、2 号硝铵炸药适用于一般岩石，严禁在有瓦斯、煤尘及有可燃和爆炸性气体的探碉中使用。

b） **6.4.4** 爆破材料加工应遵守下列规定：

1 爆破材料加工应在专设的加工房进行。加工房应干燥通风、严禁烟火，配备消防器具。加工房与居民点及重要建筑物的距离不应小于 500m。

2 作业人员应穿棉质工作服。防水处理用的蜡锅应放置室外，其距离不小于 10m。

3 导火线、雷管加工应遵守下列规定：

    1）导火线长度应根据炮眼数量、深度、点炮时间及躲炮行走时间总和的 2 倍确定，最短不少于 1.2m。

    2）雷管中如有杂物，应用手指轻轻弹出，不应用口吹。导火线切口应整齐垂直插入管中与加强帽接触，用雷管钳钳紧，不应用克丝钳或其他方式卡紧。纸雷管用缠纸或缠线等紧固。

4 起爆药卷加工应遵守下列规定：

    1）加工量不应超过当天需用量，加工后要妥善保管。

    2）加工时用直径约 7mm 竹签或木签插入药卷 70mm 后将雷管插入，严禁使用金属棍操作。

    3）雷管插入药卷后，火雷管应用扎线将药包扎紧，电雷管应用脚线扎紧。

    4）在有水炮眼中使用硝铵炸药时，起爆药包或药卷应进行防水处理。水深在 2m 以内可用石蜡或沥青进行防水处理，其化蜡温度不大于 80℃，浸蜡时间不大于 2s；水深大于 2m 时，可用乳胶套进行隔水处理。

c)　**6.4.5**　装炮及炮眼堵塞应遵守下列规定：

1　装药前用吹砂管将炮眼中岩粉吹净，清除堵塞的岩块及岩屑，并用炮棍探明炮眼深度、角度是否符合要求。

2　装药长度宜为炮眼长度的 1/2～2/3，掏槽眼可多装 10％～20％，紧密堵塞。

3　炮棍应用直径小于药卷直径 6mm 的竹、木质材料制成，端部应平齐，严禁使用金属棍。

4　起爆药卷宜装在由外向里的第二节药卷位置，也可采用双向起爆及反向起爆等方法。

5　炮眼堵塞物宜用黏土（塑性指数以 13 为佳），为增加摩擦阻力，黏土中可渗入 5％～10％粒径约 1mm 的砂，不应用碎石堵塞。炮眼堵塞长度宜为炮眼深度的 1/3～1/2，但不少于 200mm。

d)　**6.4.6**　起爆作业应遵守下列规定：

1　火雷管起爆应遵守下列规定：

　　1）安全导火线长度根据点炮需用时间而定，宜为最短火线的 1/3。安全导火线燃尽或中途熄灭时，应立即离开工作面，不应继续点炮。

　　2）应使用电石灯或导火线，按爆发顺序点炮。每炮间隔时间应为 2s 左右。

　　3）点炮后应仔细听记响炮数目是否与装炮数目相符。最后一炮响后应至少隔 15min，待炮烟吹散后再进入工作面检查爆破效果。

2　电雷管起爆应遵守下列规定：

　　1）雷雨天气严禁使用电雷管起爆。

　　2）有涌水或有瓦斯的工作面应使用电雷管或导爆管起爆，严禁使用火雷管。

　　3）应根据爆发顺序采用延期雷管。杂散电流超过 30mA 时，严禁使用普通电雷管。

　　4）起爆线路应保持良好绝缘，断面应保持并联电流要求，电压应满足雷管串联要求，母线断面不应小于 2.5mm²。

　　5）爆破线路应与照明动力线路分开架设，中途不应交叉，各工作面应有单独的电力起爆网。爆破线路及起爆网应由爆破员亲自架设，每次放炮前应采用电桥进行安全检查。

　　6）探硐较深时应采用分段连接，分段加设短路开关。

　　7）采用电力线路起爆，若发生拒爆应首先切断电源，合上短路闸刀，待即发雷管过 2min 或延期雷管过 5min 后，方可进入工作面进行检查。

e)　**6.4.7**　瞎炮处理应遵守下列规定：

1　用掏勺轻轻掏出炮泥，到达预定标志应立即停止，装入起爆药引爆。严禁采用强行拉导火线或雷管脚线的办法处理。

2　采用上述方法处理无效时，可在瞎炮旁约 400mm 处平行凿眼，装药起爆处理。

3 当班瞎炮应由当班炮工亲自处理。瞎炮未经处理，不应进行正常作业。

4 严禁使用压缩空气吹出炮眼中的炮泥和炸药雷管。

f) **6.4.9** 露天爆破尚应符合下列规定：

1 相邻地区同时放炮，应统一指挥，统一信号，统一时间。

3 应控制爆破安全距离。炮眼直径应为 42mm 以内，平地水平距离应为 200m，山地水平距离应为 300m。

g) **6.6.1** 支护应符合下列规定：

2 支护前应检查硐壁、硐顶岩体稳定性，松动岩石应挖除。

5 支护应一次架好。靠近工作面的支护应采取加固和保护措施，及时修复放炮打坏的支护。

6 使用中的探硐，应经常检查支护的牢固性、安全性，及时加固、更换变形移位及腐朽折断的支护。

7 恢复或加固、加深旧硐时，应首先检查支护，必要时进行更换。

8 破碎松散岩（土）体应及时进行支护。必要时可采用超前临时支护。

h) **6.7.1** 通风应符合下列规定：

2 开挖工作面的氧气体积应不低于 18%。

4 有瓦斯（CH_4）和其他有害气体探硐工作面，人均供新鲜空气量不应低于 $5m^3/min$，通风风速不应低于 $0.25m/s$。

5 硐深超过 300m 时，应进行专门通风设计。按同时在硐内工作的总人数计，每人每分钟供风量不应少于 $4m^3/min$，工作面回风风流中，氧气、瓦斯、二氧化碳和其他有害气体含量应符合本条第 2 款及 6.8.2 条的规定。

i) **6.8.2** 有害气体、粉尘、噪声监测及施工保健应符合下列规定：

1 有害气体、粉尘、噪声卫生安全标准应符合下列规定：

1）工作面有害气体限量（按体积计）应符合表 6.8.2 的规定。

表 6.8.2　　　　　　　　　　地下硐室有害气体最大允许浓度

名　　称	符　　号	最大允许（体积）浓度（%）
一氧化碳	CO	0.00240
二氧化碳	CO_2	0.50
氮氧化物	[NO]	0.00025
二氧化硫	SO_2	0.00050
瓦斯	CH_4	1.0
硫化氢	H_2S	0.00066
氨	NH_3	0.00400

2）工作面空气粉尘含量不应大于 $2mg/m^3$。

2 有害气体及粉尘监测应符合下列规定：

3）在有瓦斯或其他有害气体的探硐施工，应对瓦斯或其他有害气体突出的断层带、老窿、破碎带等部位每班至少监测两次，发现浓度不断升高，应加密监测。当有害气体超限时，应立即撤离工作人员或采取防护措施。

5）长期停止施工的探硐恢复生产时，首先应检查氧气、二氧化碳、瓦斯和其他有害气体浓度。如不符合规定，应通风排放有害气体，达到标准后方可进硐施工。

4 施工保健应符合下列规定：

2）硐内噪声大于90dB（A）时，应采取消音或其他防护措施。

3）凿岩作业，应配带防护面罩及防护耳塞。

j） **6.8.3** 放射性监测及施工保健应符合下列规定：

1 在火成岩地区、新构造活动部位等施工作业，应进行 γ 射线和放射性气体测试，判定是否存在放射性危害。

2 井、硐内施工人员的个人内外照射剂量大于年限值 1mSv/a 时，应根据国家有关标准的规定，进行氡及其子体和 γ 辐射的个人剂量监测及辐射环境监测，必要时采取防护措施。

k） **6.8.4** 救护装备应符合下列下规定：

1 在有瓦斯地区掘进探硐时，应按工作人员总数的110％配备自救器或送风面盔。低瓦斯地区宜用过滤式自救器，高瓦斯地区宜配用化学氧自救器。

2 施工单位应配备氧气呼吸器。

3 自救设备应定期进行气密检查。

l） **6.10.3** 河底平硐施工尚应符合下列规定：

3 应打超前眼，深度不小于3m。

6 导井与河底平硐连接处应设置安全硐或躲避室。

7 应对围岩变形和地下水进行监测。

8 应配置备用电源，或采取其他措施，在突发涌水或停电时能将井、硐内工作人员和设备提升到安全地点。

m） **7.2.11** 提升作业应符合下列规定：

1 提升钢绳安全系数应大于8，并应随时检查钢绳有无断股及损坏。

2 检查提升系统（钢绳、吊钩、吊环等）牢固程度，连接部件的安全系数应大于8。

3 提升速度应小于1m/s，升降人员时应减速50％。

n） **7.2.12** 排水应符合下列规定：

1 涌水量大时可设活动水泵吊盘，吊盘内可装一台或多台水泵。吊盘与出渣桶不应互相干扰。

2 水泵排水能力应大于预测涌水量的一倍，备用水泵比例应为1∶1，并设有备用电源。

o）　**7.3.8**　提升应符合下列规定：

2　每隔 5～10m 宜设安全硐，提升机运行时，作业人员应进入安全硐内躲避。

3　斜井中应设挡车器，矿车应带有安全装置。

5　井口应设挡车栏杆，矿车上来应先关好挡车栏杆才准摘钩。空车下放应先将矿车挂钩挂好后再打开挡车栏杆，送下矿车。处理掉道矿车，矿车下方严禁站人。

p）　**8.0.5**　坑探工程施工应遵守下列规定：

3　工地机房、库房、宿舍等设施，不应修建在洪水位以下、危岩下以及山洪暴发所危及的冲洪积扇上。

4　爆破作业应确定安全警戒范围，设立明显的安全标志，必要时要有专人把守。

10-0-7　《核子水分-密度仪现场测试规程》SL 275—2014

a）第 1 部分　**7.1.2**　现场测试技术要求：

f）　现场测试中的仪器使用、维护保养和保管中有关辐射防护安全要求应按附录 B 的规定执行。

b）**附录 B（规范性附录）　辐射安全**

B.1　凡使用核子水分-密度仪的单位均应取得"许可证"，操作人员应经培训并取得上岗证书。

B.2　由专业人员负责仪器的使用、维护保养和保管，但不得拆装仪器内放射源。

B.3　仪器工作时，应在仪器放置地点 3m 范围设置明显放射性标志和警戒线，无关人员应退至警戒线外。

B.4　仪器非工作期间，应将仪器手柄置于安全位置。核子水分-密度仪应装箱上锁，放在符合辐射安全规定的专门地方，并由专人保管。

B.5　仪器操作人员在使用仪器时，应佩戴射线剂量计，监测和记录操作人员所受射线剂量，并建立个人辐射剂量记录档案。

B.6　每隔 6 个月按相关规定对仪器进行放射源泄露检查，检查结果不符合要求的仪器不得再投入使用。

c）第 2 部分　**7.1.2**　现场测试技术要求：

f）　现场测试中的仪器使用、维护保养和保管应执行本标准第 1 部分附录 B 的规定。

10-0-8　《水利水电工程钻探规程》SL 291—2003

a）　**3.3.2**　钻探设备安装和拆迁应遵守下列规定：

2　竖立和拆卸钻架应在机长统一指挥下进行。立放钻架时，左右两边设置牵引绷绳以防翻倒，严禁钻架自由摔落。滑车应设置保护装置。轻型钻架的整体搬迁，应在平坦地区进行，高压电线下严禁整体搬迁。

b)　**4.3.4**　爆破药包的包装必须由持证专业人员在距离钻场 50m 以外安全范围进行作业。

c)　**4.3.5**　药包与孔口安全距离：在水下作业应大于 3m，干孔作业应大于 5m。

d)　**4.5.2**　滑坡地段钻进应遵守下列规定：

4　对有危险的滑坡体应设专人观察滑坡体的动态，如发现有滑动迹象时，立即将机组撤离至安全地区。

e)　**8.3.1**　在河谷狭窄、水深流急处钻探，可架设钢索桥，钢索桥的设计应遵守下列规定：

1　钢索桥应有专门设计文件，并应经上级机关批准后才能施工。

2　有关安全规定应随钢索桥设计书一并呈报，批准后执行。

3　钢索桥钻场的最低点应高于施钻期间最高水位 3m，还应符合当地航运要求。

4　钢索桥栏杆高应为 1.2m。

5　钢索桥上方应架设安全绳，装设紧急撤退吊斗一台，最大载重量为 10kN。吊斗由岸上牵引驱动。

f)　**8.3.2**　架设钢索桥应遵守下列规定：

4　风速在 5 级以上或雨、雪、雾天气，禁止施工架设。

g)　**8.3.3**　钢索桥钻探时设备安装应遵守下列规定：

5　禁止在 5 级大风和重雾、雨雪天气进行安装。

h)　**8.3.4**　钢索桥钻探应遵守下列规定：

1　每天应有专人检查索桥桩基、钢丝绳卡子等安全情况。

i)　**8.4.1**　冰上钻探应在封冻期进行，透明冰层厚度应不小于 0.3m。冰上钻探期间，应掌握水文气象动态，设专人负责观测冰层安全情况。

j)　**8.5.5**　近海钻探应遵守下列规定：

5　风力大于 5 级时，钻船和平台不得搬迁和定位。浪高大于 1m 或钻船横摆角大于 3°时，应停止作业。

6　风力 6 级、浪高 1.5m 时，钻船应停止作业，拔出套管避风；风力 5 级或浪高 0.8m 时，船只不得靠近平台接送工作人员，人员应通过悬吊装置上、下平台。

k)　**13.2.1**　钻场工作人员应遵守下列安全规定：

2　在钻塔上工作时，必须系牢安全带。

3　钻场设备安装之后，机长必须进行安全检查，确认安装合格，方可开钻。

l)　**13.2.4**　孔内事故处理应遵守下列安全规定：

3　使用千斤顶起拔钻具时，千斤顶卡瓦应栓绑牢固，并挂好提引器，严防钻杆顶断后窜起或卡瓦飞出伤人。

m)　**13.3.1**　井下排水取芯应遵守下列安全规定：

1　当井下采用潜水泵排水，或井壁不稳、照明不佳时，工作人员严禁在井下作业。使用的电缆必须有良好的绝缘。

4 禁止井下与井口同时作业。

5 井下作业必须戴好安全帽和系好安全带。

6 在井下取芯作业，严禁人和物同时吊起。

n) **13.3.2** 升降钻具应遵守下列安全规定：

3 提放钻具时，提引器的快卡子应安全可靠；重物放倒摘掉快卡子时，应立即用绳子拉住钩子，以防摆动伤人。

o) **13.3.3** 井口安全应遵守下列规定：

3 井下有人员作业时，井口应设专人看守，所用工具等，一律用系绳或由吊桶运送，不得向井下投放。

p) **13.4.1** 水上钻探应遵守下列安全规定：

11 遇有重雾视线不清或 5 级以上大风时，禁止抛锚、起锚和移动钻船、渡船等。

q) **13.5.3** 钻场防风应遵守下列安全规定：

1 高 10m 以上的钻塔，应设安全绷绳。

2 大风超过 6 级时，应增设绷绳或落下钻塔篷布。

r) **13.5.5** 陡坡修建钻场和钻进应遵守下列安全规定：

3 遇 6 级以上大风或雨雪连绵天气应停止施工，复工前进行安全检查。

10-0-9 《村镇供水工程技术规范》 SL 310—2019

a) **8.0.9** 水塔应根据防雷要求设置防雷装置。

10-0-10 《水利血防技术规范》 SL 318—2011

a) **5.1.1** 从有钉螺水域引水的涵闸（泵站），应因地制宜，修建防螺、灭螺工程设施。

b) **6.1.1** 在血吸虫病疫区新建、改建或加固堤防工程时，应结合堤防建设，采取灭螺、防螺措施。

c) **7.1.1** 在血吸虫病疫区新建、扩建和改建灌排渠系时，应采取防螺、灭螺措施。

d) **8.0.1** 在血吸虫病疫区整治河湖时，应采取防螺、灭螺措施。

e) **9.0.1** 在血吸虫病疫区新建、扩建和改建饮水工程时，应采取水利血防措施，防止钉螺污染水源和输水通道。

10-0-11 《水工建筑物地下开挖工程施工规范》 SL 378—2007

a) **8.4.2** 竖井吊罐及斜井运输车牵引绳，应有断绳保险装置。

b) **8.4.11** 井口应设阻车器、安全防护栏或安全门。

c) **8.4.12** 斜井、竖井自上而下扩大开挖时，应有防止导井堵塞和人员坠落的措施。

d) **11.1.1** 地下洞室开挖施工过程中，洞内氧气体积不应少于 20%，有害气体和粉尘含量应符合表 11.1.1 的规定标准。

表 11.1.1 空气中有害物质的容许含量

名　称	容许浓度		附　注
	按体积（%）	按重量（mg/m³）	
二氧化碳（CO₂）	0.5	—	一氧化碳的容许含量与作业时间：容许含量为 50mg/m³ 时，作业时间不宜超过 1h； 容许含量为 100mg/m³ 时，作业时间不宜超过 0.5h； 容许含量为 200mg/m³ 时，作业时间不宜超过 20min； 反复作业的间隔时间应在 2h 以上
甲烷（CH₄）	1	—	
一氧化碳（CO）	0.00240	30	
氮氧化合物换算成二氧化氮（NO₂）	0.00025	5	
二氧化硫（SO₂）	0.00050	15	
硫化氢（H₂S）	0.00066	10	
醛类（丙烯醛）	—	0.3	
含有 10% 以上游离 SiO₂ 的粉尘	—	2	含有 80% 以上游离 SiO₂ 的生产粉尘不宜超过 1mg/m³
含有 10% 以下游离 SiO₂ 水泥粉尘	—	6	
含有 10% 以下游离 SiO₂ 的其他粉尘	—	10	

e）　13.2.4　几个工作面同时爆破时，应有专人统一指挥，确保起爆人员的安全和相邻炮区的安全。

f）　13.2.11　爆破完成后，待有害气体浓度降低至规定标准时，方可进入现场处理哑炮并对爆破面进行检查，清理危石。清理危石应由有施工经验的专职人员负责实施。

g）　13.3.5　竖井和斜井运送施工材料或出渣时应遵守下列规定：

1　严禁人、物混运，当施工人员从爬梯上下竖井时，严禁运输施工材料或出渣。

2　井口应有防止石渣和杂物坠落井中的措施。

10 - 0 - 12　《水利水电工程施工通用安全技术规程》SL 398—2007

a）　3.1.4　爆破、高边坡、隧洞、水上（下）、高处、多层交叉施工、大件运输、大型施工设备安装及拆除等危险作业应有专项安全技术措施，并应设专人进行安全监护。

b）　3.1.8　施工现场的井、洞、坑、沟、口等危险处应设置明显的警示标志，并应采取加盖板或设置围栏等防护措施。

c）　3.1.11　交通频繁的施工道路、交叉路口应按规定设置警示标志或信号指示灯；开挖、弃渣场地应设专人指挥。

d）　3.1.12　爆破作业应统一指挥，统一信号，专人警戒并划定安全警戒区。爆破后应经爆破人员检查，确认安全后，其他人员方能进入现场。洞挖、通风不良的狭窄场所，应在通风排烟、恢复照明及安全处理后，方可进行其他作业。

e）　3.1.18　施工照明及线路，应遵守下列规定：

3　在存放易燃、易爆物品场所或有瓦斯的巷道内，照明设备应符合防爆要求。

f） 3.5.5 宿舍、办公室、休息室内严禁存放易燃易爆物品，未经许可不得使用电炉。利用电热的车间、办公室及住室，电热设施应有专人负责管理。

g） 3.5.9 油料、炸药、木材等常用的易燃易爆危险品存放使用场所、仓库，应有严格的防火措施和相应的消防措施，严禁使用明火和吸烟。

h） 3.5.11 施工生产作业区与建筑物之间的防火安全距离，应遵守下列规定：

1 用火作业区距所建的建筑物和其他区域不应小于 25m。

2 仓库区、易燃、可燃材料堆集场距所建的建筑物和其他区域不应小于 20m。

3 易燃品集中站距所建的建筑物和其他区域不应小于 30m。

i） 3.9.4 施工现场作业人员，应遵守以下基本要求：

1 进入施工现场，应按规定穿戴安全帽、工作服、工作鞋等防护用品，正确使用安全绳、安全带等安全防护用具及工具，严禁穿拖鞋、高跟鞋或赤脚进入施工现场。

3 严禁酒后作业。

4 严禁在铁路、公路、洞口、陡坡、高处及水上边缘、滚石坍塌地段、设备运行通道等危险地带停留和休息。

6 起重、挖掘机等施工作业时，非作业人员严禁进入其工作范围内。

7 高处作业时，不应向外、向下抛掷物件。

9 不应随意移动、拆除、损坏安全卫生及环境保护设施和警示标志。

j） 4.1.5 在建工程（含脚手架）的外侧边缘与外电架空线路的边线之间应保持安全操作距离。最小安全操作距离应不小于表 4.1.5 的规定。

表 4.1.5　　在建工程（含脚手架）的外侧边缘与外电架空线路边线
之间的最小安全操作距离

外电线路电压（kV）	<1	1～10	35～110	154～220	330～500
最小安全操作距离（m）	4	6	8	10	15
注：上、下脚手架的斜道严禁搭设在有外电线路的一侧。					

k） 4.1.6 施工现场的机动车道与外电架空线路交叉时，架空线路的最低点与路面的垂直距离不应小于表 4.1.6 的规定。

表 4.1.6　　施工现场的机动车道与外电架空线路交叉时的最小垂直距离

外电线路电压（kV）	<1	1～10	35
最小垂直距离（m）	6	7	7

l） 5.1.3 高处临边、临空作业应设置安全网，安全网距工作面的最大高度不应超过 3.0m，水平投影宽度应不小于 2.0m。安全网应挂设牢固，随工作面升高而升高。

m） 5.1.12 危险作业场所、机动车道交叉路口、易燃易爆有毒危险物品存放场所、库房、变配电场所以及禁止烟火场所等应设置相应的禁止、指示、警示标志。

n)　　5.2.2　高处作业下方或附近有煤气、烟尘及其他有害气体，应采取排除或隔离等措施，否则不应施工。

o)　　5.2.3　高处作业前，应检查排架、脚手板、通道、马道、梯子和防护设施，符合安全要求方可作业。高处作业使用的脚手架平台，应铺设固定脚手板，临空边缘应设高度不低于 1.2m 的防护栏杆。

p)　　5.2.6　在带电体附近进行高处作业时，距带电体的最小安全距离，应满足表 5.2.6 的规定，如遇特殊情况，应采取可靠的安全措施。

表 5.2.6　　　　　　　　　　　　**高处作业时与带电体的安全距离**

电压等级（kV）	10 及以下	20～35	44	60～110	154	220	330
工器具、安装构件、接地线等与带电体的距离（m）	2.0	3.5	3.5	4.0	5.0	5.0	6.0
工作人员的活动范围与带电体的距离（m）	1.7	2.0	2.2	2.5	3.0	4.0	5.0
整体组立杆塔与带电体的距离	应大于倒杆距离（自杆塔边缘到带电体的最近侧为塔高）						

q)　　5.2.10　高处作业时，应对下方易燃、易爆物品进行清理和采取相应措施后，方可进行电焊、气焊等动火作业，并应配备消防器材和专人监护。

r)　　5.2.21　进行三级、特级、悬空高处作业时，应事先制定专项安全技术措施。施工前，应向所有施工人员进行技术交底。

s)　　6.1.4　设备转动、传动的裸露部分，应安设防护装置。

t)　　7.5.19　皮带机械运行中，遇到下列情况应紧急停机：

　　1　发生人员伤亡事故。

u)　　8.2.1　安全距离

　　1　设置爆破器材库或露天堆放爆破材料时，仓库或药堆至外部各种保护对象的安全距离，应按下列条件确定：

　　　　1）　外部距离的起算点是：库房的外墙墙根、药堆的边缘线、隧道式洞库的洞口地面中心。

　　　　2）　爆破器材储存区内有一个以上仓库或药堆时，应按每个仓库或药堆分别核算外部安全距离并取最大值。

　　2　仓库或药堆与住宅区或村庄边缘的安全距离，应符合下列规定：

　　　　1）　地面库房或药堆与住宅区或村庄边缘的最小外部距离按表 8.2.1-1 确定。

表 8.2.1-1　　　　**地面库房或药堆与住宅区或村庄边缘的最小外部距离**　　　　单位：m

存药量（t）	150～200	100～150	50～100	30～50	20～30	10～20	5～10	≤5
最小外部距离	1000	900	800	700	600	500	400	300

2）隧道式洞库至住宅区或村庄边缘的最小外部距离不应小于表 8.2.1－2 中的规定。

表 8.2.1－2　　隧道式洞库至住宅区或村庄边缘的最小外部距离　　　　　单位：m

与洞口轴线交角 (α)	存 药 量（t）				
	50～100	30～50	20～30	10～20	≤10
0°至两侧 70°	1500	1250	1100	1000	850
两侧 70°～90°	600	500	450	400	350
两侧 90°～180°	300	250	200	150	120

3）由于保护对象不同，因此在使用当中对表 8.2.1－1、表 8.2.1－2 的数值应加以修正，修正系数见表 8.2.1－3。

表 8.2.1－3　　　　对不同保护对象的最小外部距离修正系数

序　号	保 护 对 象	修正系数
1	村庄边缘、住宅边缘、乡镇企业围墙、区域变电站围墙	1.0
2	地县级以下乡镇、通航汽轮的河流航道、铁路支线	0.7～0.8
3	总人数不超过 50 人的零散住户边缘	0.7～0.8
4	国家铁路线、省级及以上公路	0.9～1.0
5	高压送电线路 500kV	2.5～3.0
	220kV	1.5～2.0
	110kV	0.9～1.0
	35kV	0.8～0.9
6	人口不超过 10 万人的城镇规划边缘、工厂企业的围墙、有重要意义的建筑物、铁路车站	2.5～3.0
7	人口大于 10 万人的城镇规划边缘	5.0～6.0
注：上述各项外部距离，适用于平坦地形。依地形条件有利时可适当减少，反之应增加。		

4）炸药库房间（双方均有土堤）的最小允许距离见表 8.2.1－4。

表 8.2.1－4　　　炸药库房间（双方均有土堤）的最小允许距离　　　　　单位：m

存药量 (t)	炸 药 品 种			
	硝铵类炸药	梯恩梯	黑索金	胶质炸药
150～200	42	—	—	—

续表

存药量 （t）	炸药品种			
	硝铵类炸药	梯恩梯	黑索金	胶质炸药
100～150	35	100	—	—
80～100	30	90	100	—
50～80	26	80	90	—
30～50	24	70	80	100
20～30	20	60	70	85
10～20	20	50	60	75
5～10	20	40	50	60
≤5	20	35	40	50

注1：相邻库房储存不同品种炸药时，应分别计算，取其最大值。
注2：在特殊条件下，库房不设土堤时，本表数字增大的比值为：一方有土堤为2.0，双方均无土堤为3.3。
注3：导爆索按每万米140kg黑索金计算。

　　5）雷管库与炸药库、雷管库与雷管库之间的允许距离见表8.2.1-5中的规定。

表8.2.1-5　　雷管库与炸药库、雷管库与雷管库之间的最小允许距离　　　单位：m

库房名称	雷管数量（万发）									
	200	100	80	60	50	40	30	20	10	5
雷管库与炸药库	42	30	27	23	21	19	17	14	10	8
雷管库与雷管库	71	50	45	39	35	32	27	22	16	11

注：当一方设土堤时表中数字应增大比值为2，双方均无土堤时增大比值为3.3。

　　6）无论查表或计算的结果如何，表8.2.1-4、表8.2.1-5所列库房间距均不
　　　　应小于35m。

v）　**8.2.2　库区照明**

　　5　地下爆破器材库的照明，还应遵守下列规定：

　　1）应采用防爆型或矿用密闭型电气器材，电源线路应采用铠装电缆。

　　5）地下库区存在可燃性气体和粉尘爆炸危险时，应使用防爆型移动电灯和防爆
　　　　手电筒；其他地下库区，应使用蓄电池灯、防爆手电筒或汽油安全灯作为移
　　　　动式照明。

w）　**8.3.2　爆破器材装卸应遵守下列规定：**

1 从事爆破器材装卸的人员，应经过有关爆破材料性能的基础教育和熟悉其安全技术知识。装卸爆破器材时，严禁吸烟和携带引火物。

2 搬运装卸作业宜在白天进行，炎热的季节宜在清晨或傍晚进行。如需在夜间装卸爆破器材时，装卸场所应有充足的照明，并只允许使用防爆安全灯照明，禁止使用油灯、电石灯、汽灯、火把等明火照明。

3 装卸爆破器材时，装卸现场应设置警戒岗哨，有专人在场监督。

4 搬运时应谨慎小心，轻搬轻放，不应冲击、撞碰、拉拖、翻滚和投掷。严禁在装有爆破材料的容器上踩踏。

5 人力装卸和搬运爆破器材，每人一次以 25～30kg 为限，搬运者相距不应少于 3m。

6 同一车上不应装运两类性质相抵触的爆破器材，且不应与其货物混装。雷管等起爆器材与炸药不允许同时在同一车箱或同一地点装卸。

7 装卸过程中司机不应离开驾驶室。遇雷电天气，禁止装卸和运输爆破器材。

8 装车后应加盖帆布，并用绳子绑牢，检查无误后方可开车。

x)　**8.3.3**　爆破器材运输应符合下列规定：

1 运输爆破器材，应遵守下列基本规定：

　　7)　禁止用翻斗车、自卸汽车、拖车、机动三轮车、人力三轮车、摩托车和自行车等运输爆破器材。

　　8)　运输炸药、雷管时，装车高度要低于车箱 10cm。车箱、船底应加软垫。雷管箱不应倒放或立放，层间也应垫软垫。

2 水路运输爆破器材，还应遵守下列规定：

　　5)　严禁使用筏类船只作运输工具。

　　6)　用机动船运输时，应预先切断装爆破器材船仓的电源；地板和垫物应无缝隙，仓口应关闭；与机仓相邻的船仓应设有隔墙。

3 汽车运输爆破器材，还应遵守下列规定：

　　7)　车箱底板、侧板和尾板均不应有空隙，所有空隙应予以严密堵塞。严防所运爆破器材的微粒落在摩擦面上。

y)　**8.3.4**　爆破器材贮存

3 贮存爆破器材的仓库、储存室，应遵守下列规定：

　　2)　库房内贮存的爆破器材数量不应超过设计容量，爆破器材宜单一品种专库存放。库房内严禁存放其他物品。

z)　**8.4.3**　爆破工作开始前，应明确规定安全警戒线，制定统一的爆破时间和信号，并在指定地点设安全哨，执勤人员应有红色袖章、红旗和口笛。

aa)　**8.4.7**　往井下吊运爆破材料时，应遵守下列规定：

2 在上下班或人员集中的时间内，不应运输爆破器材，严禁人员与爆破器材同罐吊运。

bb） **8.4.17** 地下相向开挖的两端在相距 30m 以内时，装炮前应通知另一端暂停工作，退到安全地点。当相向开挖的两端相距 15m 时，一端应停止掘进，单头贯通。斜井相向开挖，除遵守上述规定外，并应对距贯通尚有 5m 长地段自上端向下打通。

cc） **8.4.24** 地下井挖，洞内空气含沼气或二氧化碳浓度超过 1‰时，禁止进行爆破作业。

dd） **8.5.4** 电雷管网路爆破区边缘同高压线最近点之间的距离不应小于表 8.5.4 的规定（亦适用于地下电源）。

表 8.5.4　　　　　　　　爆破区边缘同高压线最近点之间的距离

高压电网（kV）	水平安全距离（m）
3～10	20
10～20	50
20～50	100

ee） **8.5.5** 飞石

1　爆破时，个别飞石对被保护对象的安全距离，不应小于表 8.5.5−1 及表 8.5.5−2 规定的数值。

表 8.5.5−1　　　　　　爆破个别飞散物对人员的最小安全距离

爆破类型和方法			爆破飞散物的最小安全距离（m）
露天岩石爆破	破碎大块岩矿	裸露药包爆破法	400
		浅孔爆破法	300
	浅孔爆破		200（复杂地质条件下或未形成台阶工作面时不小于 300）
	浅孔药壶爆破		300
	蛇穴爆破		300
	深孔爆破		按设计，但不小于 200
	深孔药壶爆破		按设计，但不小于 300
	浅孔孔底扩壶		50
	深孔孔底扩壶		50
	洞室爆破		按设计，但不小于 300
爆破树墩			200
爆破拆除沼泽地的路堤			100

续表

爆 破 类 型 和 方 法			爆破飞散物的最小安全距离（m）
水下爆破	水面无冰时的裸露药包或浅孔、深孔爆破	水深小于1.5m	与地面爆破相同
		水深大于6m	不考虑飞石对地面或水面以上人员的影响
		水深1.5～6m	由设计确定
	水面覆冰时的裸露药包或浅孔、深孔爆破		200
	水底洞室爆破		由设计确定
拆除爆破、城镇浅孔爆破及复杂环境深孔爆破			由设计确定
地震勘探爆破	浅井或地表爆破		按设计，但不小于100
	在深孔中爆破		按设计，但不小于30

表 8.5.5-2　　　　**爆破飞石对人员安全距离**

序　号	爆破种类及爆破方法			危险区域的最小半径（m）
1	岩基开挖工程	一般钻孔法爆破		不小于300
		药壶法	扩壶爆破	不小于50
			药壶爆破	不小于300
		深孔药壶法	扩壶爆破	不小于100
			药壶爆破	根据设计定但不小于300
		深孔法	松动爆破	根据设计定但不小于300
			抛掷爆破	根据设计定
2	地下开挖工程	平洞开挖爆破	独头的洞内	不小于200
			有折线的洞内	不小于100
			相邻的上下洞间	不小于100
			相邻的平行洞间	不小于50
			相邻的横洞或横通道间	不小于50
		井开挖爆破	井深小于3m	不小于200
			井深为3～7m	不小于100
			井深大于7m	不小于50
3	裸露药包法爆破			不小于400
4	用放在坑内的炸药击碎巨石			不小于400

序 号	爆破种类及爆破方法		危险区域的最小半径（m）
5	用炸药拔树根的爆破		不小于 200
6	泥沼地上塌落土堤的爆破		不小于 100
7	水下开挖工程	非硬质土壤上爆破	不小于 100
		岩石上爆破	不小于 300
		有冰层覆盖时土壤和岩石爆破	不小于 300

2 洞室爆破个别飞石的安全距离，不应小于表 8.5.5-3 的规定数值。

表 8.5.5-3　　　　　　　　洞室爆破个别飞石安全距离　　　　　　　单位：m

最小抵抗线	对 于 人 员					对于机械及建筑物				
	n 值					n 值				
	1.0	1.5	2.0	2.5	3.0	1.0	1.5	2.0	2.5	3.0
1.5	200	300	350	400	400	100	150	250	300	300
2.0	200	400	500	600	600	100	200	350	400	400
4.0	300	500	700	800	800	150	250	500	550	550
6.0	300	600	800	1000	1000	150	300	550	650	650
8.0	400	600	800	1000	1000	200	300	600	700	700
10.0	500	700	900	1000	1000	250	400	600	700	700
12.0	500	700	900	1200	1200	250	400	700	800	800
15.0	600	800	1000	1200	1200	300	400	800	1000	1000
20.0	700	800	1200	1500	1500	350	400	900	1000	1000
25.0	800	1000	1500	1800	1800	400	500	900	1000	1000
30.0	800	1000	1700	2000	2000	400	500	1000	1200	1200

注：当 n 值小于 1 时，可将抵抗线值修改为 $W_P = \dfrac{5W}{7}$，再按 $n=1$ 的条件查表。

ff)　**9.1.6**　对贮存过易燃易爆及有毒容器、管道进行焊接与切割时，要将易燃物和有毒气体放尽，用水冲洗干净，打开全部管道窗、孔，保持良好通风，方可进行焊接和切割，容器外要有专人监护，定时轮换休息。密封的容器、管道不应焊割。

gg)　**9.1.8**　严禁在贮存易燃易爆的液体、气体、车辆、容器等的库区内从事焊割作业。

hh)　**9.3.7**　在坑井或深沟内焊接时，应首先检查有无集聚的可燃气体或一氧化碳气体，如有应排除并保持通风良好。必要时应采取通风除尘措施。

ii） **11.4.8** 放射性射源的贮藏库房，应遵守下列规定：

2 放射性同位素不应与易燃、易爆、腐蚀性物品放在一起，其贮存场所应采取有效的防火、防盗、防泄漏的安全防护措施，并指定专人负责保管。贮存、领取、使用、归还放射性同位素时应进行登记、检查，做到账物相符。

10-0-13 《水利水电工程土建施工安全技术规程》 SL 399—2007

a） **1.0.9** 作业人员上岗前，应按规定穿戴防护用品。施工负责人和安全检查员应随时检查劳动防护用品的穿戴情况，不按规定穿戴防护用品的人员不应上岗。

b） **3.2.1** 有边坡的挖土作业应遵守下列规定：

3 施工过程当中应密切关注作业部位和周边边坡、山体的稳定情况，一旦发现裂痕、滑动、流土等现象，应停止作业，撤出现场作业人员。

c） **3.3.4** 开挖过程中，如出现整体裂缝或滑动迹象时，应立即停止施工，将人员、设备尽快撤离工作面，视开裂或滑动程度采取不同的应急措施。

d） **3.5.1** 洞室开挖作业应遵守下列规定：

7 暗挖作业中，在遇到不良地质构造或易发生塌方地段、有害气体逸出及地下涌水等突发事件，应即令停工，作业人员撤至安全地点。

e） **3.5.3** 竖井提升作业应遵守下列规定：

2 施工期间采用吊桶升降人员与物料时应遵守下列规定：

  8）装有物料的吊桶不应乘人。

f） **3.5.6** 不良地质地段开挖作业应遵守下列规定：

3 当出现围岩不稳定、涌水及发生塌方情况时，所有作业人员应立即撤至安全地带。

g） **3.5.12** 施工安全监测应遵守下列规定：

10 当监测中发现测值总量或增长速率达到或超过设计警戒值时，则认为不安全，应报警。

h） **3.6.1** 现场运送运输爆破器材应遵守下列规定：

4 用人工搬运爆破器材时应遵守下列规定：

  2）严禁一人同时携带雷管和炸药；雷管和炸药应分别放在专用背包（木箱）
    内，不应放在衣袋里。

i） **3.6.3** 洞室爆破应满足下列基本要求：

5 参加爆破工程施工的临时作业人员，应经过爆破安全教育培训，经口试或笔试合格后，方可参加装药填塞作业。但装起爆体及敷设爆破网路的作业，应由持证爆破员或爆破工程技术人员操作。

8 不应在洞室内和施工现场改装起爆体和起爆器材。

j） **3.6.5** 洞室爆破现场混制炸药应遵守下列规定：

13 混制场内严禁吸烟，严禁存在明火；同时，严禁将火柴、打火机等带入加工场。

k)　4.2.7　制浆及输送应遵守下列规定：

　　2　当人进入搅拌槽内之前，应切断电源，开关箱应加锁，并挂上"有人操作，严禁合闸！"的警示标志。

l)　5.1.4　当砂石料料堆起拱堵塞时，严禁人员直接站在料堆上进行处理。应根据料物粒径、堆料体积、堵塞原因采取相应措施进行处理。

m)　5.4.7　设备检修时应切断电源，在电源启动柜或设备配电室悬挂"有人检修，不许合闸"的警示标志。

n)　5.4.8　在破碎机腔内检查时，应有人在机外监护，并且保证设备的安全锁机构处于锁定位置。

o)　6.2.1　木模板施工作业时应遵守下列规定：

　　10　高处拆模时，应有专人指挥，并标出危险区；应实行安全警戒，暂停交通。

　　11　拆除模板时，严禁操作人员站在正拆除的模板上。

p)　6.3.1　钢筋加工应遵守下列规定：

　　8　冷拉时，沿线两侧各 2m 范围为特别危险区，人员和车辆不应进入。

q)　6.5.1　螺旋输送机应符合下列安全技术要求：

　　6　处理故障或维修之前，应切断电源，并悬挂警示标志。

r)　6.5.4　片冰机的安全技术要求：

　　3　片冰机运转过程中，各孔盖、调刀门不应随意打开。因观察片冰机工作情况而应打开孔盖、调刀门时，严禁观察人员将手、头伸进孔及门内。

　　6　参加片冰机调整、检修工作的人员，不应少于 3 人，一人负责调整、检修。一人负责组织指挥（若调整、检修人员在片冰机内，指挥人员应在片冰机顶部），另一人负责控制片冰机电源开关，应做到指挥准确，操作无误。

　　7　工作人员从片冰机进人孔进、出之前和在调整、检修工作的过程中，应关闭片冰机的电源开关，悬挂"严禁合闸"的警示标志，这期间片冰机电源开关控制人员不应擅离工作岗位。

s)　6.5.6　混凝土拌和楼（站）的技术安全要求：

　　9　检修时，应切断相应的电源、气路，并挂上"有人工作，不准合闸"的警示标志。

　　10　进入料仓（斗）、拌和筒内工作，外面应设专人监护。检修时应挂"正在修理，严禁开动"的警示标志。非检修人员不应乱动气、电控制元件。

t)　6.7.5　采用核子水分/密度仪进行无损检测时应遵守下列规定：

　　1　操作者在操作前应接受有关核子水分/密度仪安全知识的培训和训练，只有合格者方可进行操作。应给操作者配备防护铅衣、裤、鞋、帽、手套等防护用品。操作者应在胸前配戴胶片计量仪，每 1～2 月更换一次。胶片计量仪一旦显示操作者达到或超过了允许的辐射值，应即停止操作。

3 应派专人负责保管核子水分/密度仪，并应设立专台档案。每隔半年应把仪器送有关单位进行核泄露情况检测，仪器储存处应牢固地张贴"放射性仪器"的警示标志。

4 核子水分/密度仪受到破坏，或者发生放射性泄漏，应立即让周围的人离开，并远离出事场所，直到核专家将现场清除干净。

u） **7.1.6** 骨（填）料加热、筛分及储存应遵守下列规定：

2 加热后的骨料温度高约200℃，进行二次筛分时，作业人员应采取防高温、防烫伤的安全措施；卸料口处应加装挡板，以免骨料溅出。

v） **7.1.10** 搅拌机运行中，不应使用工具伸入滚筒内掏挖或清理。需要清理时应停机。如需人员进入搅拌鼓内工作时，鼓外要有人监护。

w） **7.2.6** 沥青混凝土碾压作业应遵守下列规定：

6 机械由坝顶下放至斜坡时，应有安全措施，并建立安全制度。对牵引机械和钢丝绳刹车等，应经常检查、维修。

x） **7.2.7** 心墙钢模宜应采用机械拆模，采用人工拆除时，作业人员应有防高温、防烫伤、防毒气的安全防护装置。钢模拆除出后应将表面粘附物清除干净，用柴油清洗时，不应接近明火。

10-0-14 《水利水电工程机电设备安装安全技术规程》SL 400—2016

a） **5.12.1** 蝴蝶阀和球阀安装应符合下列规定：

5 蝴蝶阀和球阀动作试验前，应检查钢管内和活门附近有无障碍物及人员。试验时应在进人门处挂"禁止入内"警示标志，并设专人监护。

6 进入蝴蝶阀和球阀、钢管内检查或工作时，应关闭油源，投入机械锁锭，并挂上"有人工作，禁止操作"警示标志，并设专人监护。

b） **6.5.1** 转子支架组装和焊接应符合下列规定：

1 转子支架组焊场地应通风良好，配备灭火器材。

c） **6.8.9** 有绝缘要求的导轴瓦或上端轴，安装前后应对绝缘进行检查。试验时应对试验场所进行安全防护，设置安全警戒线和警示标志。

d） **8.3.5** 附件安装及电气试验应符合下列规定：

9 现场高压试验区应设遮栏，并悬挂警示标志，设置警戒线，派专人监护。

e） **8.7.4** 开关柜安装应符合下列规定：

4 硬母线安装应符合下列规定：

　6） 在高空安装硬母线时，工作人员必须系好安全带，并设置安全警戒线及警示标志。

f） **8.10.3** 电缆头制作应符合下列规定：

6 现场高压试验区应设围栏，悬挂警示标志，并设专人监护。

g） **8.11.2** 高压试验应符合下列规定：

　　1　进行高压试验时，在试验地点和高压联线所通过的地段均应设围栏或采取其他安全措施，严防触电，必要时应派专人看守。

h)　　**8.12.1**　试验区应设围栏或拉警戒线，悬挂警示标志，将有关路口和有可能进入试验区域的通道临时封闭，并安排专人看守。

i)　　**9.2.1**　引水及尾水系统检查应符合下列规定：

　　2　检查应有 3 人以上参加，并应配备通信及便携式照明器具。进入引水及尾水流道、压力管道、尾水管、蜗壳内部时，应留一人在入口处守候。

j)　　**10.4.2**　桥机试验区域应设置警戒线，并设置明显的警示标志，非工作人员不得进入。试验时桥机下面严禁有人逗留。

10-0-15　《水利水电工程施工作业人员安全操作规程》SL 401—2007

a)　　**2.0.9**　严禁人员在吊物下通过和停留。

b)　　**2.0.10**　易燃、易爆等危险场所严禁吸烟和明火作业。不应在有毒、粉尘生产场所进食。

c)　　**2.0.12**　洞内作业前，应检查有害气体的浓度，当有害气体的浓度超过规定标准时，应及时排除。

d)　　**2.0.16**　检查、修理机械电气设备时，应停电并挂标志牌，标志牌应谁挂谁取。应在检查确认无人操作后方可合闸。严禁机械在运转时加油、擦拭或修理作业。

e)　　**2.0.20**　严禁非电气人员安装、检修电气设备。严禁在电线上挂晒衣服及其他物品。

f)　　**2.0.26**　非特种设备操作人员，严禁安装、维修和动用特种设备。

g)　　**3.7.13**　进行停电作业时，应首先拉开刀闸开关，取走熔断器（管），挂上"有人作业，严禁合闸！"的警示标志，并留人监护。

h)　　**4.2.1**　塔式起重机司机应经过专业培训，并经考试合格取得特种作业人员操作证书后，方可上岗操作。

10-0-16　《水利水电工程鱼道设计导则》SL 609—2013

a)　　**7.1.3**　电栅周围一定区域内应设明显警示标志，电极阵上应装红色指示灯。严禁在电栅周围捕鱼、围观、游泳、驶船等。

10-0-17　《水利水电地下工程施工组织设计规范》SL 642—2013

a)　　**7.2.3**　下列地区不应设置施工临时设施：

　　1　严重不良地质区或滑坡体危害区。

　　2　泥石流、山洪、沙暴或雪崩可能危害区。

　　5　受爆破或其他因素影响严重的区域。

10-0-18　《水利水电工程调压室设计规范》SL 655—2014

a)　8.3.6　调压室安全防护应符合下列规定：

1　埋藏式调压室的井口周边，应设置安全防护设施。

2　半埋藏式调压室和地面式调压室应设置井口安全防护设施。

3　调压室内的钢爬梯，应设置护笼。

10-0-19　《预应力钢筒混凝土管道技术规范》SL 702—2015

a)　11.1.3　管道水压试验应有安全防护措施，作业人员应按相关安全作业规程进行操作。

b)　11.3.9　水压试验应符合下列规定：

3　管道水压试验过程中，后背顶撑、管道两端严禁站人。

10-0-20　《水利水电工程施工安全防护设施技术规范》SL 714—2015

a)　3.2.10　电梯井、闸门井、门槽、电缆竖井等的井口应设有临时防护盖板或设置围栏，在门槽、闸门井、电梯井等井道口（内）安装作业，应根据作业面情况，在其下方井道内设置可靠的水平安全网作隔离防护层。

b)　3.3.6　排架、井架、施工用电梯、大坝廊道、隧洞等出入口和上部有施工作业的通道，应设有防护棚，其长度应超过可能坠落范围，宽度不应小于通道的宽度。当可能坠落的高度超过24m时，应设双层防护棚。

c)　3.5.3　各种施工设备、机具传动与转动的露出部分，如传动带、开式齿轮、电锯、砂轮、接近于行走面的联轴节、转轴、皮带轮和飞轮等必须安设拆装方便、网孔尺寸符合安全要求的封闭的钢防护网罩或防护挡板或防护栏杆等安全防护装置。

d)　3.7.3　施工现场的配电箱、开关箱等安装使用应符合下列规定：

6　配电箱、开关箱应装设在干燥、通风及常温场所，设置防雨、防尘和防砸设施。不应装设在有瓦斯、烟气、蒸气、液体及其他有害介质环境中，不应装设在易受外来固体物撞击、强烈振动、液体浸溅及热源烘烤的场所。

e)　3.7.4　施工用电线路架设使用应符合下列要求：

7　线路穿越道路或易受机械损伤的场所时必须设有套管防护。管内不得有接头，其管口应密封。

f)　3.10.10　载人提升机械应设置下列安全装置，并保持灵敏可靠：

1　上限位装置（上限位开关）。

2　上极限限位装置（越程开关）。

3　下限位装置（下限位开关）。

4　断绳保护装置。

5　限速保护装置。

6　超载保护装置。

g) **3.12.5** 在有毒有害气体可能泄漏的作业场所，应配置必要的防毒护具，以备急用，并应及时检查、维护、更换，保证其始终处在良好的待用状态。

h) **4.1.4** 皮带栈桥供料线运输应符合下列安全规定：

9 供料线下方及布料皮带覆盖范围内的主要人行通道，上部必须搭设牢固的防护棚，转梯顶部设置必要防护，在该范围内不应设置非施工必需的各类机房、仓库。

i) **4.2.4** 起重机械安装运行应符合下列规定：

1 起重机械应配备荷载、变幅等指示装置和荷载、力矩、高度、行程等限位、限制及连锁装置。

j) **4.2.5** 门式、塔式、桥式起重机械安装运行应符合下列规定：

4 桥式起重机供电滑线应有鲜明的对比颜色和警示标志。扶梯、走道与滑线间和大车滑线端的端梁下应设有符合要求的防护板或防护网。

k) **4.3.2** 缆机安装运行应符合下列规定：

1 设有从地面通向缆机各机械电气室、检修小车和控制操作室等处所的通道、楼梯或扶梯。所有转动和传动外露部位应装设有防护网罩，并涂上安全色。

l) **6.1.1** 灌浆作业应符合下列要求：

3 交叉作业场所，各通道应保持畅通，危险出入口、井口、临边部位应设有警告标志或钢防护设施。

m) **7.1.14** 皮带机安装运行应符合下列规定：

4 皮带的前后均应设置事故开关，当皮带长度大于100m时，在皮带的中部还应增设事故开关，事故开关应安装在醒目、易操作的位置，并设有明显标志。

n) **7.2.1** 制冷系统车间应符合下列规定：

7 氨压机车间还应符合下列规定：

1) 控制盘柜与氨压机应分开隔离布置，并符合防火防爆要求。

2) 所有照明、开关、取暖设施等应采用防爆电器。

3) 设有固定式氨气报警仪。

4) 配备有便携式氨气检测仪。

5) 设置应急疏散通道并明确标识。

o) **8.1.2** 木材加工机械安装运行应符合下列规定：

3 应配备有锯片防护罩、排屑罩、皮带防护罩等安全防护装置，锯片防护罩底部与工件的间距不应大于20mm，在机床停止工作时防护罩应全部遮盖住锯片。

p) **10.1.2** 进入施工生产区域人员应正确穿戴安全防护用品。进行2m（含2m）以上高空作业应佩戴安全带并在其上方固定物处可靠栓挂，3.2m以上高空作业时，其下方应铺设安全网。安全防护用品使用前应认真检查，不应使用不合格的安全防护用品。

q) **10.1.7** 焊接作业安全防护应符合下列要求：

10 高处焊割作业点的周围及下方地面上火星所及的范围内，应彻底清除可燃、易爆物品，并配置足够的灭火器材。

r)　　**10.1.11**　金属加工设备防护罩、挡屑板、隔离围栏等安全设施应齐全、有效。有火花溅出或有可能飞出物的设备应设有挡板或保护罩。

s)　　**11.1.2**　机组安装现场对预留进人孔、排水孔、吊物孔、放空阀、排水阀、预留管道口等孔洞应加防护栏杆或盖板封闭。

t)　　**11.1.7**　尾水管、蜗壳内和水轮机过流面进行环氧砂浆作业时，应有相应的防火、防毒设施并设置安全防护栏杆和警告标志。

u)　　**11.2.6**　高压试验现场应设围栏，拉安全绳，并悬挂警告标志。高压试验设备外壳应接地良好（含试验仪器），接地电阻不得大于4Ω。

v)　　**11.3.1**　水轮发电机组整个运行区域与施工区域之间必须设安全隔离围栏，在围栏入口处应设专人看守，并挂"非运行人员免进"的标志牌，在高压带电设备上均应挂"高压危险""请勿合闸"等标志牌。

11 卫 生

11-0-1 《水利水电工程劳动安全与工业卫生设计规范》GB 50706—2011

a) **5.6.1** 六氟化硫气体绝缘电气设备的配电装置室及检修室，必须装设机械排风装置，其室内空气中六氟化硫气体含量不应超过 $6.0g/m^3$，室内空气不应再循环，且不得排至其他房间内。室内地面孔、洞应采取封堵措施。

b) **5.6.7** 水厂的液氯瓶、联氨贮存罐应分别存放在无阳光直接照射的单独房间内。加氯（氨）间和氯（氨）库应设置泄漏检测仪及报警装置，并应在临近的单独房间内设置漏氯（氨）气自动吸收装置。

c) **5.6.8** 水厂加氯（氨）间和氯（氨）库，应设置根据氯（氨）气泄漏量自动开启的通风系统。照明和通风设备的开关应设置在室外。加氯（氨）间和氯（氨）库外部应备有防毒面具、抢救设施和工具箱。

d) **5.7.1** 工程使用的砂、石、砖、水泥、商品混凝土、预制构件和新型墙体材料等无机非金属建筑主体材料，其放射性指标限值应符合表5.7.1的规定。

表 5.7.1　　　无机非金属建筑主体材料放射性指标限值

测 定 项 目	限 值
内照射指数 l_{Ra}	≤1.0
外射指数 l_r	≤1.0

e) **5.7.2** 工程使用的石材、建筑卫生陶瓷、石膏板、吊顶材料、无机瓷质砖粘接剂等无机非金属装修材料，其放射性指标限值应符合表5.7.2的规定。

表 5.7.2　　　无机非金属装修材料放射性指标限值

测 定 项 目	限 值
内照射指数 l_{Ra}	≤1.0
外射指数 l_r	≤1.3

f) **5.7.3** 工程室内使用的胶合板、细木工板、刨花板、纤维板等人造木板及饰面人造木板，必须测定游离甲醛的含量或游离甲醛的释放量。

g) **5.9.2** 血吸虫病疫区的水利水电工程，应设置血防警示标志。

11-0-2　《水利水电工程施工组织设计规范》　SL 303—2017

a)　**4.6.12**　防尘、防有害气体等综合处理措施应符合下列规定：

　　4　对含有瓦斯等有害气体的地下工程，应编制专门的防治措施。

11-0-3　《水利血防技术规范》SL 318—2011

a)　**10.0.1**　水利血防工程施工，应根据工程所在区域的钉螺分布状况和血吸虫病流行情况，制定有关规定，采取相应的预防措施，避免参建人员被感染。

b)　**10.0.4**　在血吸虫病疫区施工，应采取措施，改善参建人员的工作和生活环境，同时设立醒目的血防警示标志。

c)　**11.0.1**　水利血防工程运行管理单位，应制定运行管理规章制度及运行调度方案，采取预防措施，避免人员被感染。

d)　**11.0.4**　在水利血防工程运行管理区，应采取措施，改善运行管理人员的工作和生活环境，设立醒目的血防警示标志。

11-0-4　《水利水电工程施工通用安全技术规程》SL 398—2007

a)　**3.4.2**　生产作业场所常见生产性粉尘、有毒物质在空气中允许浓度及限值应符合表3.4.2的规定。

表 3.4.2　　　常见生产性粉尘、有毒物质在空气中允许浓度及限值

序号	有害物质名称		阈限值（mg/m³）		
			最高容许浓度 $Pc-MAC$	时间加权平均容许浓度 $Pc-TWA$	短时间接触容许浓度 $Pc-STEL$
1	矽尘		—	—	—
	总尘	含10%～50%游离 SiO_2	—	1	2
		含50%～80%游离 SiO_2	—	0.7	1.5
		含80%以上游离 SiO_2	—	0.5	1.0
	呼吸尘	含10%～50%游离 SiO_2	—	0.7	1.0
		含50%～80%游离 SiO_2	—	0.3	0.5
		含80%以上游离 SiO_2	—	0.2	0.3
2	石灰石粉尘	总尘	—	8	10
		呼吸尘	—	4	8
3	硅酸盐水泥	总尘（游离 SiO_2<10%）	—	4	6
		呼吸尘（游离 SiO_2<10%）	—	1.5	2

续表

序号	有害物质名称			阈限值（mg/m³）		
				最高容许浓度 $Pc-MAC$	时间加权平均 容许浓度 $Pc-TWA$	短时间接触 容许浓度 $Pc-STEL$
4	电焊烟尘			—	4	6
5	其他粉尘			—	8	10
6	锰及无机化合物（按 Mn 计）			—	0.15	0.45
7	一氧化碳	非高原		—	20	30
		高原	海拔 2000～3000m	20	—	—
			海拔大于 3000m	15	—	—
8	氨 Ammonia			—	20	30
9	溶剂汽油			—	300	450
10	丙酮			—	300	450
11	三硝基甲苯（TNT）			—	0.2	0.5
12	铅及无机化合物 （按 Pb 计）	铅尘		0.05	—	—
		铅烟		0.03	—	—
13	四乙基铅（皮、按 Pb 计）			—	0.02	0.06

b)　**3.4.4**　生产车间和作业场所工作地点噪声声级卫生限值应符合表 3.4.4 规定。

表 3.4.4　　　　　　**生产性噪声声级卫生限值**

日接触噪声时间（h）	卫生限值［dB(A)］
8	85
4	88
2	91
1	94

c)　**3.4.6**　施工作业噪声传至有关区域的允许标准见表 3.4.6。

表 3.4.6　　　　　　**非施工区域的噪声允许标准**

类　　别	等效声级限值 ［dB(A)］	
	昼　间	夜　间
以居住、文教机关为主的区域	55	45

续表

类　别	等 效 声 级 限 值〔dB(A)〕	
	昼　间	夜　间
居住、商业、工业混杂区及商业中心区	60	50
工业区	65	55
交通干线道路两则	70	55

d) **3.4.11** 工程建设各单位应建立职业卫生管理规章制度和施工人员职业健康档案，对从事尘、毒、噪声等职业危害的人员应每年进行一次职业体检，对确认职业病的职工应及时给予治疗，并调离原工作岗位。

e) **4.7.1** 生活供水水质应符合表4.7.1的要求，并应经当地卫生部门检验合格方可使用。生活饮用水源附近不应有污染源。

表 4.7.1　　　　　　生活饮用水水质标准

编　号		项　目	标　准
感官性状指标	1	色	色度不超过15度，并不应呈现其他异色
	2	浑浊度	不超过3度，特殊情况不超过5度
	3	臭和味	不应有异臭异味
	4	肉眼可见物	不应含有
化学指标	5	pH值	6.5～6.8
	6	总硬度（以CaO计）	不超过450mg/L
	7	铁	不超过0.3mg/L
	8	锰	不超过0.1mg/L
	9	铜	不超过1.0mg/L
	10	锌	不超过1.0mg/L
	11	挥发酚类	不超过0.002mg/L
	12	阴离子合成洗涤剂	不超过0.3mg/L
毒理学指标	13	氟化物	不超过1.0mg/L，适宜浓度0.5～1.0mg/L
	14	氰化物	不超过0.05mg/L
	15	砷	不超过0.04mg/L
	16	硒	不超过0.01mg/L

续表

编　号		项　目	标　准
毒理学指标	17	汞	不超过 0.001mg/L
	18	镉	不超过 0.01mg/L
	19	铬（六价）	不超过 0.05mg/L
	20	铅	不超过 0.05mg/L
细菌学指标	21	细菌总数	不超过 100 个/mL 水
	22	大肠菌数	不超过 3 个/mL 水
	23	游离性余氯	在接触 30min 后不应低于 0.3mg/L，管网末梢水不低于 0.05mg/L

11-0-5　《水利水电地下工程施工组织设计规范》SL 642—2013

a）　**9.1.1**　施工过程中，洞内氧气浓度不应小于 20%，有害气体和粉尘含量应符合下列要求：

1　甲烷、一氧化碳、硫化氢含量应满足表 9.1.1-1 的要求。

表 9.1.1-1　　　空气中有害气体的最高允许浓度

名　称	最高允许含量		附　注	
	%（按体积计算）	mg/m³		
甲烷（CH_4）	≤1.0	—		
一氧化碳（CO）	≤0.0024	30	一氧化碳的最高允许含量与作业时间	
			作业时间	最高允许含量（mg/m³）
			<1h	50
			<0.5h	100
			15～20min	200
硫化氢（H_2S）	≤0.00066	10	反复作业的间隔时间应在 2h 以上	

第四篇

水 利 工 程 验 收

12　质　量　检　查

12-0-1　《水利水电工程施工质量检验与评定规程》SL 176—2007

a)　**4.1.11**　对涉及工程结构安全的试块、试件及有关材料，应实行见证取样。见证取样资料由施工单位制备，记录应真实齐全，参与见证取样人员应在相关文件上签字。

b)　**4.3.3**　施工单位应按《单元工程评定标准》及有关技术标准对水泥、钢材等原材料与中间产品质量进行检验，并报监理单位复核。不合格产品，不得使用。

c)　**4.3.4**　水工金属结构、启闭机及机电产品进场后，有关单位应按有关合同进行交货检查和验收。安装前，施工单位应检查产品是否有出厂合格证、设备安装说明书及有关技术文件，对在运输和存放过程中发生的变形、受潮、损坏等问题应做好记录，并进行妥善处理。无出厂合格证或不符合质量标准的产品不得用于工程中。

d)　**4.3.5**　施工单位应按《单元工程评定标准》检验工序及单元工程质量，做好书面记录，在自检合格后，填写《水利水电工程施工质量评定表》送监理单位复核。监理单位根据抽检资料核定单元（工序）工程质量等级。发现不合格单元（工序）工程，应要求施工单位及时进行处理，合格后才能进行后续工程施工。对施工中的质量缺陷应书面记录备案，进行必要的统计分析，并在相应单元（工序）工程质量评定表"评定意见"栏内注明。

e)　**4.4.5**　工程质量事故处理后，应由项目法人委托具有相应资质等级的工程质量检测单位检测后，按照处理方案确定的质量标准，重新进行工程质量评定。

13 验 收

13-0-1 《灌区改造技术规范》GB 50599—2010

a) **9.3.2** 对隐蔽工程，必须在施工期间进行验收，并应在合格后再进入下一道工序施工。

13-0-2 《小型水电站建设工程验收规程》SL 168—2012

a) **1.0.6** 当工程具备验收条件时，应及时组织验收。未经验收或验收不合格的工程不应交付使用或进行后续工程施工。

13-0-3 《水利水电建设工程验收规程》SL 223—2008

a) **1.0.9** 当工程具备验收条件时，应及时组织验收。未经验收或验收不合格的工程不应交付使用或进行后续工程施工。验收工作应相互衔接，不应重复进行。

b) **6.2.1** 枢纽工程导（截）流前，应进行导（截）流验收。

c) **6.3.1** 水库下闸蓄水前，应进行下闸蓄水验收。

d) **6.4.1** 引（调）排水工程通水前，应进行通水验收。

e) **6.5.1** 水电站（泵站）每台机组投入运行前，应进行机组启动验收。

附录　标准名称及强制性条文索引

序号	标　准　名　称	标准编号	强制性条文数量	页码
1	小型水力发电站设计规范	GB 50071—2014	3	51，62
2	河流流量测验规范	GB 50179—2015	2	3
3	防洪标准	GB 50201—2014	9	14
4	泵站设计规范	GB 50265—2010	3	28，33
5	堤防工程设计规范	GB 50286—2013	3	50
6	灌溉与排水工程设计规范	GB 50288—2018	2	83
7	开发建设项目水土保持技术规范	GB 50433—2018	2	67
8	水利水电工程地质勘察规范	GB 50487—2008	25	6
9	灌区改造技术规范	GB 50599—2010	1	116
10	水利水电工程劳动安全与工业卫生设计规范	GB 50706—2011	15	83，108
11	河道整治设计规范	GB 50707—2011	1	15
12	蓄滞洪区设计规范	GB 50773—2012	1	34
13	水利工程设计防火规范	GB 50987—2014	5	52，55
14	水土保持工程设计规范	GB 51018—2014	2	67
15	升船机设计规范	GB 51177—2016	3	62
16	水工建筑物抗震设计标准	GB 51247—2018	5	49
17	小型水电站施工安全标准	GB 51304—2018	12	83
18	农田排水工程技术规范	SL 4—2013	1	84
19	疏浚与吹填工程技术规范	SL 17—2014	4	76
20	水工建筑物滑动模板施工技术规范	SL 32—2014	18	77，84
21	水利水电工程启闭机设计规范	SL 41—2018	3	62
22	水利水电工程设计洪水计算规范	SL 44—2006	8	4
23	江河流域规划环境影响评价规范	SL 45—2006	1	66
24	水工预应力锚固施工规范	SL 46—94	1	75
25	水工建筑物岩石基础开挖工程施工技术规范	SL 47—94	2	75

序号	标 准 名 称	标准编号	强制性条文数量	页码
26	水工碾压混凝土施工规范	SL 53—94	4	78
27	中小型水利水电工程地质勘察规范	SL 55—2005	2	10
28	水工建筑物水泥灌浆施工技术规范	SL 62—2014	1	79
29	水利水电工程钢闸门设计规范	SL 74—2013	2	63
30	水利水电工程坑探规程	SL 166—2010	16	85
31	小型水电站建设工程验收规程	SL 168—2012	1	116
32	堤防工程管理设计规范	SL 171—96	2	54
33	水利水电工程施工质量检验与评定规程	SL 176—2007	5	115
34	堤防工程地质勘察规程	SL 188—2005	6	11
35	小型水利水电工程碾压式土石坝设计规范	SL 189—2013	1	34
36	水工混凝土结构设计规范	SL 191—2008	14	34，49
37	水利水电建设工程验收规程	SL 223—2008	5	116
38	混凝土面板堆石坝设计规范	SL 228—2013	2	50
39	小型水力发电站自动化设计规范	SL 229—2011	2	55
40	水利水电工程等级划分及洪水标准	SL 252—2017	23	17，24
41	溢洪道设计规范	SL 253—2018	3	29，39
42	水闸设计规范	SL 265—2016	4	29，40
43	水电站厂房设计规范	SL 266—2014	3	26，41，52
44	碾压式土石坝设计规范	SL 274—2001	15	30，41，50，53
45	核子水分-密度仪现场测试规程	SL 275—2014	3	89
46	水文基础设施建设及技术装备标准	SL 276—2002	5	3
47	水利水电工程水文计算规范	SL 278—2002	3	5
48	水工隧洞设计规范	SL 279—2016	3	52
49	水电站压力钢管设计规范	SL 281—2003	3	63
50	混凝土拱坝设计规范	SL 282—2018	5	30，42，51
51	水利水电工程进水口设计规范	SL 285—2003	4	20，31，43
52	水土保持治沟骨干工程技术规范	SL 289—2003	2	68

续表

序号	标准名称	标准编号	强制性条文数量	页码
53	水利水电工程建设征地移民安置规划设计规范	SL 290—2009	9	69
54	水利水电工程钻探规程	SL 291—2003	19	11，89
55	水坠坝技术规范	SL 302—2004	3	68
56	水利水电工程施工组织设计规范	SL 303—2017	3	31，44，109
57	水利系统通信运行规程	SL 306—2004	1	53
58	村镇供水工程技术规范	SL 310—2019	2	52，91
59	水利水电工程高压配电装置设计规范	SL 311—2004	8	56
60	水利水电工程施工地质勘察规程	SL 313—2004	8	11
61	碾压混凝土坝设计规范	SL 314—2018	1	44
62	水利血防技术规范	SL 318—2011	9	91，109
63	混凝土重力坝设计规范	SL 319—2018	6	32，44，51
64	水利水电工程物探规程	SL 326—2005	1	13
65	风力提水工程技术规程	SL 343—2006	2	52
66	水利水电工程锚喷支护技术规范	SL 377—2007	1	76
67	水工建筑物地下开挖工程施工规范	SL 378—2007	15	75，91
68	水工挡土墙设计规范	SL 379—2007	12	21，32，46
69	水利水电工程边坡设计规范	SL 386—2007	3	21，47
70	水利水电工程施工通用安全技术规程	SL 398—2007	40	92，109
71	水利水电工程土建施工安全技术规程	SL 399—2007	24	101
72	水利水电工程机电设备安装安全技术规程	SL 400—2016	10	103
73	水利水电工程施工作业人员安全操作规程	SL 401—2007	8	104
74	调水工程设计导则	SL 430—2008	3	21，26
75	水文缆道测验规范	SL 443—2009	1	4
76	农田水利规划导则	SL 462—2012	2	14，66
77	水利水电工程厂（站）用电系统设计规范	SL 485—2010	2	60
78	水工建筑物强震动安全监测技术规范	SL 486—2011	1	50

续表

序号	标准名称	标准编号	强制性条文数量	页码
79	水利水电工程环境保护设计规范	SL 492—2011	3	66
80	水利水电工程机电设计技术规范	SL 511—2011	11	61
81	水利水电工程导体和电器选择设计规范	SL 561—2012	1	61
82	水利水电工程水文自动测报系统设计规范	SL 566—2012	1	27
83	水利水电工程水土保持技术规范	SL 575—2012	7	68
84	水利水电工程鱼道设计导则	SL 609—2013	1	104
85	水利水电工程施工导流设计规范	SL 623—2013	11	22，27，32，48
86	水利水电地下工程施工组织设计规范	SL 642—2013	2	104，112
87	水利水电工程水库库底清理设计规范	SL 644—2014	8	71
88	水利水电工程围堰设计规范	SL 645—2013	8	23，28，33，48
89	土石坝施工组织设计规范	SL 648—2013	1	28
90	水利水电工程调压室设计规范	SL 655—2014	1	105
91	水工混凝土施工规范	SL 677—2014	2	78
92	预应力钢筒混凝土管道技术规范	SL 702—2015	5	48，52，105
93	水利水电工程施工安全防护设施技术规范	SL 714—2015	22	105
94	环境影响评价技术导则　水利水电工程	HJ/T 88—2003	8	66
	合　计		94	557